가을과 겨울에 떠나는 동남아 자전거 여행

가
성
비
좋은
추천
코스
11

가을과 겨울에 떠나는

동남아
자전거 여행

민병옥 지음

책미래

프롤로그

여행! 눈부시게 빛나는 하얀 모래, 푸른 바다와 햇빛에 반짝이며 넘실대는 파도, 맑고 파란 높은 하늘, 짙푸른 야자수가 이어지는 이국의 해변, 붉게 물들어 가는 저녁노을…… 여기가 어디인가? 바닷가 모래밭에 누워서 나는 왜 여기에 왔는지, 이곳에서 무엇을 볼 수 있는지 그리고 내가 누구인지, 나를 생각해 보는 시간을 갖는다.

여행의 종류에는 여러 가지가 있다. 자동차 여행, 버스 여행, 기차 여행, 오토바이 여행, 심지어 걷기 여행도 있다. 필자는 왜 자전거 여행을 예찬할까? 마니아 수준은 아니지만, 필자는 10여 년 전까지 마라톤, 철인 3종 경기 등의 극한 운동을 해왔다. 그렇게 각종 대회에 참가하느라 자전거로 전국의 산하를 누비면서 자연스럽게 자전거의 매력에 빠졌다.

자전거는 달리기처럼 온몸의 에너지를 쓰지 않아도, 자동차처럼 비싼 기름을 소비하지 않아도, 내가 원하는 어느 곳이든지 갈 수 있다는 점에 마음이 끌렸다. 하루에 100km를 이동한다고 했을 때, 달려서는 최소한 10시간이 걸린다. 그것도 몸이 완전히 녹초가 되어서야 목적지에 닿을 수 있다. 그런 상태에서 주변의 경치를 음미하면서 여행할 수 있을까? 그렇다면 걷기는 어떨까? 무리한다면 하루 30~40km를 갈 수 있다. 걷기 역시 달리기처럼 신체에 많은 피곤을 안겨 줄 수 있다. 이쯤에서 자동차 여행 이야기가 나오는 것은 당연하다. 분명히 자동차는 좋은 여행 수단이다. 하지만 자동차는 선(線)의 여행이 아닌, 점(點)의 여행을 할 뿐이다. 출발지와 목적지만 있을 뿐, 그 중간은 건너뛴다. 그렇다면 자전거는 어떨까? 자동차를 타고 여행할 때는 보지 못한 것을 눈으로 보고, 마음으로 느낄 수 있다. 이처럼 자전거 여행은, 자동차처럼 출발지와 목적지만 경험하는 점의 여행이 아닌, 선의 여행이라고 할 수 있다. 여행 중에 만나는 풍경과 인연을 하나부터 열까지 느끼고 사랑할 수 있다. 덤으로 매일 자전거를 타다 보면 나날이 체력이 강해지고, 자신과 끊임없는 대화를 통해 정신까지 맑고 고요해진다.

> 자전거를 타고 저어갈 때, 몸은 세상의 길 위로 흘러나간다. 구르는 바퀴 위에서 몸과 길은 순결한 아날로그 방식으로 연결되는데, 몸과 길 사이에 엔진이 없는 것은 자전거의 축복이다. 그러므로 자전거는 몸이 확인할 수 없는 길을 가지 못하고, 몸이 갈 수 없는 길을 갈 수 없지만, 엔진이 갈 수 없는 모든 길을 간다.
>
> 김훈의 《자전거 여행》 중에서

자전거로 낯선 외국을 여행하다 보면 두려움 때문에 망설임이 들 때도 있지만, 두려움보다는 설렘을 느낄 때가 더 많다. 저 앞의 골목을 돌면 뭐가 있을까? 또 어떤 세상이 나를 기다리고 있을까? 낯선 곳으로의 여행은 익숙한 것과의 이별인 동시에 새로운 것과의 만남이다. 자전거 여행은 나에게 세상의 이치, 즉 순리를 깨닫게 한다. 머리를 가득 채우고 있는 욕심

과 욕망을 버리게 하고, 어깨에 짊어졌던 무거운 짐을 내려놓게 한다. 이
렇게 나는 끊임없는 자신과의 만남을 통해서 조금씩 세상을 알아간다. 때
로는 혼자이기에 외로움의 눈물을 흘리기도 하지만, 또 다른 한편으로는
가슴 벅찬 세상과 만남을 통해 환호하고 행복해한다.

길에서 만나는 사람들은 내가 세상을 들여다보는 창이다. 그 창을
통해 새로운 세상이 펼쳐진다.

차백성의 《아메리카 로드》 중에서

필자는 2012년에 32일간 필리핀·말레이시아·싱가포르 여행을 시작
으로, 말레이시아·태국 42일간, 베트남·캄보디아·태국 52일간, 필리핀
29일간, 타이완 21일간, 미얀마·라오스·베트남 38일간의 자전거 여행을
다녀왔다. 이 글은 그때의 경험을 기록한 것이다. 필자는 왜 남들이 자전
거 여행 가기를 꺼리는 동남아시아로 갔는지 자문해 본다. 동남아시아
는 사회 인프라가 부족하고, 경제 수준이 낮고, 말라리아 같은 질병에
걸릴 수 있고, 또 언제 어떻게 해를 입을지 모르는 치안이 불안한 곳이
아닌가? 반은 틀리고 반은 모른다는 게 필자의 대답이다. 소득 수준이
낮은 것은 맞지만, 우리와 비교하면 인심이 넉넉하고 마음은 여유롭다.
치안이 불안하다는 것은 생각하기 나름이다. 필자는 7개월 넘게 동남아
시아를 여행하면서 한 번도 신변 불안을 느껴 본 적이 없다. 필리핀에서
는 오히려 가슴에 와닿는 친절을 더 많이 경험했다. 그곳은 모기가 옮기
는 감염병이나 열악한 위생 시설로 인한 전염병이 무섭다고 한다. 동남
아시아를 자전거 여행하면서 필자도 모기에게 많이 물려 보았지만, 뎅기

열이나 말라리아 같은 감염병이나, 콜레라, 장티푸스 같은 수인성 질병에 걸린 적이 없다. 미국 횡단 자전거 여행 중에 만난 어떤 미국인은 우리나라에 자전거 여행을 가고 싶지만, 한국의 모기가 무서워서 가지 못하겠다고 했다. 일부 미국 사람의 몰이해라고 치부할 수 있지만, 그런 어이없는 생각을 하는 사람도 있었다. 역지사지(易地思之)로 생각하면 동남아시아 사람들도 우리와 같은 생각을 할 것이다. 인터넷에 동남아시아 갈 때는 반드시 예방주사 맞고 가라는 글을 쉽게 볼 수 있다. 심지어 어떤 사람은 짧은 패키지 여행 갈 때도 예방주사를 맞는다고 한다. 유비무환은 좋다. 하지만 도를 넘는 걱정은 바람직하지 않으며, 여행의 즐거움을 반감시킬 수 있다. 혹시나 하는 우려 때문에 동남아시아만이 줄 수 있는 무한 매력까지 포기할 것은 없지 않을까 한다.

태국 등 동남아시아 9개 나라를 여행한 필자도 처음 동남아시아로 자전거 여행 갈 때는 그곳의 치안과 질병 때문에 많이 망설였고, 주위에서도 말렸다. 정말 심사숙고한 끝에 동남아 여행을 결행했다. 지금 생각하면 동남아시아 자전거 여행은 일생을 두고 가장 잘한 결정이라고 생각한다. 그곳에는 우리나라의 60~70년대의 순박하고 넉넉한 인심이 있었다. 해맑은 미소로 외국인을 반겨 주는 현지인들 덕분에 필자도 덩달아 마음이 열렸다. 또 어떤 곳에서는 너무나 멋진 풍경에 넋을 잃기도 했다. 더욱 비용도 상상 이상으로 저렴해서 깨끗한 미니 호텔에서의 숙박비와 맛있는 현지 식사비가 하루 2~3만 원밖에 들지 않으니 최고의 선택이었다.

최근 우리나라에서도 에너지 절약과 환경문제가 심각하게 대두되고, 나아가 건강증진과 웰빙 문화가 확산함에 따라 자전거 붐이 일기 시작했다. 이에 따라 자진거를 즐기는 사람들이 점차 늘어나서 우리나라의 자전거 인구는 1,000만 명이 넘었다고 한다. 날씨 좋은 날, 한강에 나가 보면 한강 자전거 도로를 꽉 메울 정도로 많은 사람이 자전거 타는 것을 볼 수 있다. 그러나 11월을 넘어서 겨울이 되면 추운 날씨 때문에 대부분 동호인은 활동을 접고, 다음 해 봄까지 긴 동면에 들어간다. 날씨 때문에 그렇게 좋아하는 자전거 타기를 포기해야 하니, 안타까운 현실이 아닐 수 없다. 추운 겨울이라고 자전거를 즐기지 말아야 하는가? 우리의 시선을 조금만 밖으로 돌리면 훌륭한 대안을 찾을 수 있다. 필자는 그 동안의 작은 경험을 자전거 동호인들과 나누고 싶었다. 이것이 이 책을 발간하게 된 동기이다. 이 책에는 동남아시아의 천혜의 자연과 맛깔스러운 음식을 경험할 수 있는 자전거 코스 11선을 담았다.

필자는 2017년 5월에 《60대에 홀로 떠난 미국 횡단 자전거 여행》을 내놓은 바 있다. 미국 횡단 자전거 여행은 필자에게 극한의 고통과 더불어 그만한 가치 있는 경험을 선사했지만, 동남아시아에서의 자전거 여행 경험이 필자를 미국까지 가게 했다고 말할 수 있다. 자전거를 즐기는 독자 여러분들도 해외 자전거 여행을 생각하고 있다면 가까운 동남아부터 시작해서 유럽, 미국 등으로 점차 대상 지역을 넓혀 보기 바란다.

프롤로그   5

01 타이완 자전거 여행

Chapter 1.   19

타이중(1) → 르웨탄(1) → 왕샹춘(望鄉村)(1) → 아리산(1)
→ 자이(1)[5박 6일]

'타이중'에서 '르웨탄'으로 가는 21번 도로 –1일 차   23

허셔 삼림교육센터와 프랑스 연구원 –2일 차   28

아리산 오르막 45km는 난적이었다 –3일 차   32

자이시까지 이어지는 끝없는 내리막길 –4일 차   39

타이중과 타오위안의 웜샤워 멤버   43

Chapter 2.   45

가오슝(1) → 컨딩(1) → 헝춘(1) → 타이둥(1)
→ 루이쑤이(1) → 화롄(2) [7박 8일]

놀랍도록 교통법규를 잘 준수하는 타이완 사람들 –1일 차   52

타이완의 땅끝마을 어롼비 –2일 차   57

헝춘반도를 가로질러 태평양으로 –3일 차   62

화둥해안도로 대신에 화둥종곡을 선택했다 –4일 차   68

괴나리봇짐 하나만 맨 자전거 여행자 –5일 차   74

칭수이단애와 타이루거 협곡을 둘러보고 –6일 차   76

02 필리핀 자전거 여행

Chapter 3.   85

세부(1) → 보홀 투비곤(1) → 보홀 로이(1)
→ 세부(1) [4박 5일]

열린 마음을 가진 호텔 여직원 –1일 차   88

초콜릿 힐스와 안경원숭이를 만나러 –2일 차   91

프레디 아길라의 '아낙'을 들으며 –3일 차   96

팡라오섬은 순수하고 인정이 넘쳤다 –4일 차   99

내 실수로 빚어진 마닐라에서의 해프닝   104

Chapter 4.   106

일로일로(1) → 파시 시티(1) → 깔리보(1) → 보라카이(2)
→ 까티끌란 [5박 6일]

동네 떠들썩한 생일잔치 –1일 차   109

자전거 안장 위에서 즐기는 시간여행 –2일 차   111

명성만큼 멋진 보라카이 일몰 –3일 차   114

그녀는 한국인이었다 –4일 차   118

그때그때 다른 필리핀의 규정과 시스템 –5일 차   120

03 베트남 자전거 여행

Chapter 5.   124

훼(2) → 다낭(1) → 호이안(1) → 다낭(1) [5박 6일]

'꼼'은 밥을 의미했다 –1일 차   127

케산 DMZ 투어와 새로운 역사 관점 –2일 차   131

'구름이 낀 바다 고개' 하이반 패스를 넘다 –3일 차   133

베트남 숙박시설을 구별하는 방법 –4일 차   139

베트남의 대표 음식 –5일 차   143

베트남의 아름다운 해변과 넘쳐나는 서양 관광객   147

Chapter 6.   148

뚜이호아(1) → 나짱(2) → 판랑(1) → 코탓(1)
→ 무이네(1) [6박 7일]

봄, 여름, 가을이 공존하는 베트남 자연환경 –1일 차   150
나짱의 북쪽과 남쪽 호텔의 차이 –2일 차   154
나짱에서 길을 잃다 –3일 차   157
판랑 남쪽의 해안도로는 환상적이었다 –4일 차   159
베트남의 미래를 위한 과감한 인프라 투자 –5일 차   162
슬리핑 버스 유감   168

04 라오스 자전거 여행

Chapter 7.   172

루앙프라방(2) → 키우카참(1) → 카시(1) → 방비엥(2)
→ 방몬(1) → 비엔티안(2) [9박 10일]

루앙프라방과 탁밧 –1 & 2일 차   175
키우카참에 게스트하우스가 있었다 –3일 차   177
카르스트 지형의 웅장하고 가파른 산세 –4일 차   182
경적을 울리지 않는 라오스 운전자들 –5일 차   185
방비엥 블루라군에서의 휴식 –6일 차   187
트윈베드룸은 없고 더블베드룸만 –7일 차   193
비엔티안은 역시 수도였다 –8일 차   197

05 캄보디아 → 태국 자전거 여행

Chapter 8.   202

> 시엠레아프(3) → 시소폰(1) → 포이펫 → 사캐오(1)
> → 소이 다오(1) → 짠타부리(1) → 팍남 프라새(1)
> → 라용(1) → 파타야(3) [12박 13일]

시엠레아프의 12월 아침은 추웠다 –1일 차   205
배려 아닌 배려를 받은 톤레사프 호수 관광 –2일 차   208
앙코르와트는 오후에 가야 제격 –3일 차   210
자전거 여행자를 괴롭히는 과속 방지턱 –4일 차   212
국경선을 넘어 캄보디아에서 태국으로 –5일 차   214
자전거 여행자의 필수 태국어 '피쎗' –6일 차   216
우연히 만나 큰 도움을 준 태국인 –7일 차   218
태국 어부의 삶이 녹아 있는 해안 도로를 따라서 –8일 차   220
아침 식사는 '워터 라이'로 –9일 차   222
인명을 존중하는 태국 운전자들 –10일 차   224
파타야 거주 미국인과의 만남 –11일 차   226
인종과 국경을 초월한 신년 새해 행사 –12일 차   228
그는 태국에 정착했다   230

06 태국 자전거 여행

Chapter 9.   234

> 춤폰(1) → 방사판(1) → 꾸이 부리(1) → 후아힌(1) [4박 5일]

어디로 가는지, 언제 오는지 묻지 않았다 –1일 차   236

'내로남불' 불볕더위에 항복했다 –2일 차   239

새벽 나이딩의 난적 –3일 차   242

동양인보다 서양인,
서양 젊은이보다 서양 노인이 많은 곳 –4일 차   246

07 말레이시아 자전거 여행

Chapter 10.   254

쿠알라룸푸르(1) → 쿠알라세랑고르(1) → 트룩인탄(1)
→ 심팡(1) → 페낭(2) [6박 7일]

말레이시아 택시는 소형이었다 –1일 차   256

시뮬레이션 라이딩을 했어야… –2일 차   261

내 옆자리에 앉은 음식점 여주인의 딸 –3일 차   263

그 시간이면 열대성 스콜이 찾아왔다 –4일 차   265

빗속에 타이어가 펑크 나고 –5일 차   267

유유자적 페낭섬 한 바퀴 –6일 차   270

08 미얀마 자전거 여행

Chapter 11.   275

양곤(2) → 낭쉐(1) → 인레(1) → 껄로(1) → 메이크틸라(1)
→ 포파산(1) → 바간(3) → 만달레이(2) [12박 13일]

양곤의 볼거리를 찾아서 –1 & 2일 차   277

11시간 버스를 타고 찾아간 인레 –3일 차   281

인레 호수에 떠 있는 플로팅 리조트 **-4일 차**   284

남자들의 은근한 힘 자랑 **-5일 차**   288

미얀마 은행은 오후 3시에 문을 닫는다 **-6일 차**   292

오토바이 용달차를 타는 방법도 있었다 **-7일 차**   295

계단 777개를 올라서 소원을 비는 미얀마 아낙네 **-8일 차**   298

약 1,000년 전에 세워진 2,500여 개의 사원과 탑 **-9일 차**   301

한국 불교계에서 복원 사업을 지원한 사원 **-10일 차**   305

익스프레스 버스는 완행이었다 **-11일 차**   306

관광객이 몰리는 마하간다용 수도원의

탁발 공양식 **-12일 차**   308

아낌없는 도움을 준 미얀마의 초로 신사   310

09 **부록**

1. 자전거 포장   313

2. 소프트 박스에 자전거 넣기   315

3. 자전거 분해   316

4. 포장박스 공간 활용   318

5. 소프트 캐링백 가지고 출국하기   319

6. 포장박스 운반   319

7. 펑크 때우기   320

8. 자전거 응급처리   322

9. 개 대처방법   323

타이완 자전거 여행

■ 타이완의 매력은 무엇인가?

타이완 섬의 크기는 남한의 1/3 정도이며, 인구는 2,350만 명(2018년 기준)을 넘는다. 그중 한족(漢族)이 전체 인구의 약 98%를 차지하는데, 타이완의 한족 중 84%는 명과 청나라 때부터 이주해 온 대만인이고, 14%는 1949년 전후에 장제스의 국민당 정부와 함께 본토에서 건너온 대륙인이다. 타이완은 환태평양지구대에 놓여 있으며, 국토의 대부분은 산악지대이고 경작 가능한 땅은 24% 정도이다. 3,000m 이상의 높고 웅장한 산봉우리와 구불구불 이어지는 해안선 등의 아름다운 자연경관을 곳곳에서 볼 수 있으며, 열대성과 난대성, 온대성 기후가 공존해서 사계절의 모습을 모두 만날 수 있다. 타이완 정부는 6개의 국립공원과 11개의 국립 경관지역을 지정하여 자연생태 환경과 문화 유물 등의 보호를 위한 노력을 아끼지 않고 있다.

타이완의 관광명소 중에서 대협곡인 타이루거(太魯閣)에서는 수려하고 순수한 대자연의 모습을 만끽할 수 있다. 아리산(阿里山)에서는 전 세계에 남아있는 3대 산악 열차 중의 하나인 삼림열차를 타고 일출과 운해를 볼 수 있으며, 동북아시아에서 가장 높은 위산(玉山)을 등반할 수도 있다. 아시아의 하와이로 불리는 컨딩(墾丁)에서는 작열하는 태양에 몸을 맡길 수 있고, 산정호수인 르웨탄(日月潭)에서는 진정한 휴식을 취할 수 있으며, 화둥해안(花東海岸)에서는 진먼(金門)과 펑후(澎湖)로 이어지는 아름다운 섬들을 둘러 볼 수도 있다.

타이완의 주요 도시는 지리적 위치에 따라 도시 이름을 붙였다. 섬의 북부에 타이베이(台北), 남부에 타이난(台南), 중부에 타이중(台中), 동부에 타이둥(台東)이 그것이다. 타이완 섬의 서부지역(중국과 사이에 있는 타이완해협 연안)은 완만하여 대부분의 큰 도시가 그곳에 위치한다.

참조: 타이완 관광청 등

Chapter 1.

타이중(1) → 르웨탄(1) → 왕샹춘(望鄉村)(1) → 아리산(1) → 자이(1)
[5박 6일]

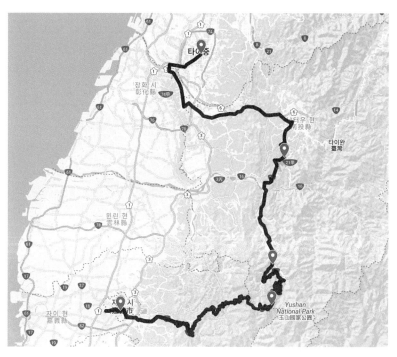

파란색 아이콘은 필자가 숙박한 도시 또는 마을이다.

■코스 특징

타이완의 3대 도시인 타이중에서 출발하여 CNN이 선정한 세계에서 가장 아름다운 자전거 도로 중의 하나인 르웨탄을 거쳐, 출발 사흘째 되는 날에는 아리산의 타타지아(塔塔加, 고도 2,700m)까지 오르는 코스이다. 한국인에게 백두산처럼 아리산은 타이완 사람들에게 영산(靈山)으로, 언제 방문해도 진귀한 동식물을 볼 수 있는 자연의 보고(寶庫)이다.

• 인천 → 타이베이 항공편 (소요시간: 2시간 30분)

인천 → 타오위안	대한항공, 아시아나항공, 캐세이퍼시픽, 중화항공, 에바항공 등
김포 → 쏭산	티웨이, 이스타항공, 중화항공, 에바항공

타오위안 국제공항 이용

타오위안 국제공항에는 터미널이 두 개 있다. 제1터미널은 대한항공, 캐세이퍼시픽, 타이항공, 중화항공 등이 이용하고, 제2 터미널은 아시아나항공과 에바항공 등이 이용한다.

타이베이 시내로의 이동

국광운수 등 공항버스는 타오위안 국제공항에서 시내까지 편리하게 갈 수 있는 교통수단이다. 타이베이 → 시내 구간은 여러 회사에서 공항버스를 운행하고 있으며, 입국장 1층의 각 버스 회사 매표소에서 티켓을 사서 탑승하면 된다. 타오위안 국제공항에는 타오위안이나 타이중 등 지방으로 가는 버스도 운행한다.

타이베이 → 타이중 이동

타이베이에서 타이중으로 가려면 고속열차인 타이완 까오티에(臺灣高鐵) THSR를 타면 된다. 고속철도(高鐵)는 타이베이(기차)역(台北車站)에서 매일 06:30~23:00까지 15분 간격으로 운행한다. 요금은 NT$ 765(약 3만 원)이며, 40~50분 소요된다. 일반 열차 중에서 가장 빠른 쯔창호(自强號)

는 2시간 30분 정도 걸리며, 요금은 NT$375(약 15,000원)이다. 그 외 시외버스를 이용하거나 쏭산공항(松山機場)에서 국내선 항공편을 이용하는 방법도 있다.

┤ 고속열차 THSR 타는 방법 ├

- 공항버스 정류장(제1터미널: 공항 지하, 제2터미널: 출국장 바깥)에서 U 버스를 타고 까오티에 타오위안역(高鐵桃園站)으로 이동한다. 요금은 NT$30(약 1,200원)이며 약 15분 소요된다.
- 까오티에 타오위안역에 도착한 뒤 인터넷으로 예매한 경우에는 예약자 전용 창구에서 티켓을 사고, 예매하지 않은 경우에는 일반 창구에서 티켓을 구입한다.

┤ 타이완 기차 종류 ├

- 까오티에(高鐵)THSR: 우리나라의 KTX에 해당
- 쯔창호(自强號)TC: 우리나라의 새마을호에 해당
- 쥐광호(莒光號)CK: 우리나라의 무궁화호에 해당
- 취지엔처(區間車): 우리나라의 통근열차에 해당

┤ 타이중 시내로의 이동 ├

[타이중 공항에서 시내로 가기]

공항에서 시내까지는 공항버스를 타고 가는 게 일반적이다. 요금은 NT$38~57(약 1,500원~2,200원)로, 약 40~45분 소요되어 많이 걸리지 않지만, 배차 간격이 다소 길다는 단점이 있다. 공항에서 시내까지 택시를 타면 NT$500(약 19,000원) 정도 예상하면 된다.

[고속 기차역에서 시내로 가기]

까오티에 타이중역(高鐵臺中站)에서 일반 기차역인 씬우르역(新烏日)까지 걸어도 10분이면 충분하다. 지하철 환승하듯이 내부에서 쉽게 갈아타고 시내로 이동할 수 있다.

┤ 타이완 호스텔 직원의 친절도 ├

타이완의 호스텔과 게스트하우스 직원들은 매우 친절했다. 필자는 그 동안 미국과 동남아시아를 300일 넘게 자전거 여행하면서 많은 숙박시설을 이용해 보았지만, 타이완 숙박업체 직원들의 친절은 상상 그 이상이었다. 우리는 고급 호텔에 묵는 게 아니면 그렇게 높은 수준의 서비스를 기대하지 않는다. 비교적 저렴한 숙박업소를 이용할 때는 어쩌면 작은 불편과 불친절에 익숙해져서 미리 체념하고 있는지도 모른다. 필자가 묵었던 타이완의 호스텔과 게스트하우스는 필자의 그런 고정관념을 여지없이 깨 주었다.

타이완의 대부분 숙박업체는 무척 깨끗하고, 심지어 실내 공연까지 하는 게스트하우스도 있었다.

'타이중'에서 '르웨탄'으로 가는 21번 도로 –1일 차

- 이동: 타이중 → 르웨탄日月潭
- 거리: 83km
- 누적 거리: 83km

■이용 도로

> 타이중 → 14번 도로 → 뿌리(埔里) → 21번 도로 → 르웨탄

┤ 타이중(臺中) ├

타이중은 타이완의 중부에 자리 잡고 있으며, 기후가 온난하여 사람들이 생활하기에 알맞다. 300년 이상의 역사를 지닌 타이중은 타이완의 북부와 남부지역을 잇는 교통과 경제의 거점 도시 역할을 하고 있다. 타이베이와 가오슝에 이어 타이완의 3대 도시인 타이중은 국립 가극원, 국립 자연과학박물관, 펑지야 야시장 등 볼거리가 다양하며, 타이완의 넘치는 활력을 느껴볼 수 있는 대표적 도시이다.

3월 초 타이완 기온은 우리나라 5월 수준이지만, 아침과 저녁에는 쌀쌀했다. 어젯밤에는 비 내리는 소리를 자장가 삼아서 잠을 청했는데, 꿈결에도 빗소리가 신경 쓰였다. 항상 쾌청한 날씨를 기대하는 자전거 여행자에게 비는 불청객이다. 타이완 르웨탄-아리산 라이딩을 시작하며 혹시나 비가 그칠까 하는 바람을 가져 보기도 했지만, 빗방울은 점점 굵어졌다. 주룩주룩 내리는 비를 맞으며 자전거 타는 것은 정말 내키지 않는 일이다. 그러나 필자가 좋아서 시작한 여행인 만큼 기쁜 마음으로 비를 맞아 축축해진 자전거 안장에 올랐다. 날씨와 관계없이 늘 즐거운 마음으로 떠나야 하는 것이 자전거 여행자의 운명이다. 그나마 다행인 것은 바람의 방향이 북풍, 뒷바람이었다. 이럴 때는 하느님이 주신 선물이라 생각하고 넙죽 받으면 된다. 도로 방향이 바뀌는 오후에 맞바람이 되면 어떻게 하나 미리 걱정할 필요는 없다. 받은 만큼 돌려주어야 한다면 본전이고, 운 좋게 맞바람이 불지 않으면 그건 행운인 셈이다.

우리나라 경상남북도 크기만한 타이완은 서부지역에 2,300만 명 가까이 밀집해서 살다 보니 도시와 마을들이 쭉 이어져 있어서 답답한 느낌이 들었다. 게다가 신호등이 설치된 건널목이 너무 많아서 얼마 달리지 못하고 정지신호에 걸려서 멈춰야 하는 것이 여간 귀찮은 게 아니었다. 교통량이 어느 정도 있는 사거리의 신호등은 이해할 수 있지만, 건너 다니는 행인도 없는 삼거리에 왜 신호등을 설치했는지 이해가 되지 않았다. 그런데도 타이완의 운전자들은 교통법규를 잘 지키고 있었다. 갈 길이 먼 필자는 사고 위험이 없는 삼거리 신호등은 무시하기로 했다. 차량 통행이 잦은 위험한 교차로라면 당연히 신호등의 지시에 따라야겠지만, 신호대기 중인 차가 없으면 주변 상황을 살피면서 요령껏 건너가기로 마

타이중에서 르웨탄으로 가는 21번 도로. 통행 차량이 많지 않아서 자전거 타기 좋다.

음먹었다.

타이중과 르웨탄을 연결하는 14번과 21번 도로는 우리나라 시골과 비슷해서 다니는 차량이 거의 없고 한산했다. 특히 21번 도로는 크고 작은 산으로 둘러싸인 문경 새재 길과 흡사했다. 하지만 타이완은 우리나라에서는 흔하게 볼 수 있는 길가의 정자라든지 쉼터가 없었다. 앉아서 잠시라도 휴식을 취할 수 있는 장소가 있으면 좋으련만 그런 쉼터가 없으니 제대로 쉬지 못하고 페달을 돌려야 했다.

르웨탄이 가까워지니 해발고도가 높아졌다. 아침에 즐거운 마음으로 시작한 라이딩이 계속되는 언덕길에 한계에 다다른 듯 슬슬 짜증이 나기 시작했다. 해발고도 760m밖에 되지 않는 르웨탄을 오르기도 힘든데, 백두산과 거의 같은 높이인 2,700m 아리산을 어떻게 올라야 할지 걱정이

많아졌다. 체력적 부담이 느껴지니, 일찍 르웨탄에 도착하면 느긋하게 호
수를 돌아보려던 계획을 포기하고 그냥 숙소에서 쉬기로 마음을 바꾸었
다. 설상가상 잠시 그쳤던 비가 숙소에 도착할 즈음 다시 내리기 시작했
다. 조금만 늦었더라면 또다시 비를 흠뻑 맞을 뻔했다. 간단히 요기하려
고 편의점에 들어갔다. 우리나라와 달리 타이완의 편의점에는 가격이 싼
냉동식품이 많았다. 말이 통하지 않는 음식점에 들어가서 어렵게 손짓 발
짓으로 주문하느니, 가끔은 편의점에서 식사하는 것도 좋겠다는 생각이
들었다.

┤ **르웨탄**(日月潭) ├

해발고도 760m의 르웨탄
은 타이완에서 가장 큰 고산
호수로, 타이완의 3대 비경
중 하나로 꼽힌다. 타이완
중부지역를 여행한나면 빼

놓지 말고 꼭 들러야 하는
명소이다. 르웨탄(日月潭)
이라는 이름은 호수 가운데
있는 작은 섬인 라루도(拉
魯島)를 중심으로 동쪽은
해, 서쪽은 달의 모습을 닮

았다는 데서 유래했다고 한
다. 거울처럼 맑고 깨끗한
르웨탄은 아침부터 저녁까지 각각 다른 매력을 풍긴다. 새벽의 은은한 빛이
멋지다는 사람과 저녁에 에메랄드 빛깔의 호수와 붉은 석양이 매혹적이라는

사람, 두 부류로 나뉠 정도이다. 그렇지만 깊은 산속에 들어와 있는 듯해서 그저 말없이 바라만 보아도 마음의 평온을 느낄 수 있다는 점에는 이견이 없다.

르웨탄 순환 자전거 도로

르웨탄을 즐기는 방법은 유람선을 타는 것보다 자전거를 타고 호수를 한 바퀴 돌아보는 것이 더 낭만적이다. 물안개가 내려앉은 새벽에 호수를 음미해 가며 천천히 자전거를 타도 좋고, 파란 색감이 가득한 오후에 시원스럽게 달려도 좋고, 붉은 노을이 지는 저녁에 일몰을 벗삼아 페달을 돌려도 좋다. 르웨탄은 호수 주변으로 34km의 자전거 도로가 만들어져 있는데, 여행 사이트인 미국 CNN GO에서 '세계에서 가장 아름다운 자전거 도로' 중의 하나로 선정하기도 했다. 르웨탄 자전거 도로 중에서도 수이셔 관광안내소(水社遊客中心)부터 쌍산 관광안내소(向山遊客中心)까지의 약 3km 구간이 특히 유명하다. 이 구간에서 많은 영화를 촬영했다.

• 르웨탄 숙소

숙소명	아고다 평점	숙박료
Bliss Bed and Breakfast	9.2	124,292원
Miller Homestay	8.8	69,953원
Perbed Hostel	8.1	21,996원
Love Home Garden Inn	7.3	20,800원

＊르웨탄에는 숙박업소가 많이 있으며, 가격대도 다양하다. 평점과 숙박료는 수시로 변경된다.

허셔 삼림교육센터와 프랑스 연구원 -2일 차

- 이동: 르웨탄 → 왕샹춘望鄕村
- 거리: 46km
- 누적 거리: 129km

■ 이용 도로

> 르웨탄 → 21번 도로 → 왕샹춘

타이완 현지인 이야기로는 요즘은 비가 온종일 내리는 게 아니라, 서너 시간 내리다가 그친다고 한다. 그의 말처럼 어제와 오늘은 반나절만 비가 왔다가 그쳤다. 안개가 자욱한 르웨탄은 세평(世評)과 달리, 필자에게 별다른 감흥을 주지 못했다. 타이중의 지인은 르웨탄 호숫물 색깔이 너무 좋다고 했는데 비가 오는 지금은 그냥 호수 물일 뿐, 그 이상도 그 이하도 아니었다. 세계 10대 자전거 도로에 왔으니 호수를 한 바퀴 돌아야 하지만, 계속 비가 내리니 그럴 마음의 여유가 생기지 않았다. 천하의 르웨탄도 비가 오면 별다른 볼거리가 없을 거라고 애써 자위하며, 아리산으로 향하는 21번 도로에 올랐다.

베트남을 여행했던 친구가 판초 우의를 필자한테 선물했다. 우리나라에서 판매하는 우의는 가슴 앞쪽에 똑딱이 단추가 있어서, 비가 내릴 때는 그 틈새로 빗물이 들어와 앞가슴과 허벅지가 다 젖는다. 그런데 선물받은 베트남 판초 우의는 앞쪽이 아니라 옆구리가 트이고 거기를 여미는 단추가 달린 형태였다. 옆구리가 트인 판초 우의는 정면으로 비가 아무리들이쳐도 끄떡없었다. 베트남 판초 우의 덕분에 해발 760m의 르웨탄에서 장장 15km를 내려오는 동안, 쏟아붓는 비가 무릎 아래만 적실 뿐, 목부터 무릎 위까지는 감히 넘보지 못했다. 친구가 선물한 우의가 아니었더라면, 비와 추위에 고생이 많을 뻔했다.

어제 음식점에서 식사하는데 답답하기 이를 데 없었다. 생선 수프와 간장으로 조림된 돼지고기가 먹고 싶어서 주문했는데, 밥 한 공기 위에 돼지고기 딱 한 점만 올려져 나왔다. 돼지고기 한 접시 달라는 의미로 손가락 하나를 보였더니 주인은 그것을 돼지고기 한 점 달라는 것으로 받아들인 모양이다. 주인에게 다시 설명하자 이제는 알아들었다는 듯 만면에 미소를 지으며 고개를 끄덕였다. 그는 돼지고기 한 점을 도로 가져가서 채를 썰 듯 잘게 잘라서 밥 위에 올려놓았다. 간단한 의사소통도 되지 않으니 웃을 수도, 울 수도 없는 상황이었다. 결국, 돼지고기 먹는 것을 포기하고 생선만 먹어야 했다. 우리나라와 달리 타이완 식당에서는 마실 물을 주지 않는다. 식사 전과 후에 물을 마시는 습관이 있는 필자는 타이완 식당에서 물을 주지 않으니 여간 불편한 게 아니다. 그래서 밥 먹으러 갈 때는 자전거 물통을 가지고 다녔다.

니우러우미엔(牛肉麵, 우육면)

우육면은 타이완의 내표석인 음식이다. 우리나라의 갈비탕에 비유되는 우육면은 소고기와 면, 양념을 넣고 삶아 내는데, 입에 넣는 순간 혀에서 녹아버릴 만큼 부드러운 소고기가 별미다. 본

래의 우육면에서 맛의 변화를 준, 토마토를 얹은 우육탕, 소고기 다짐 육 우
육탕, 고기와 힘줄이 절반씩 들어간 우육탕, 소고기 탕면 등도 있다.

아리산 초입의 작은 마을인 왕샹촌(望鄉村)에 도착했다. 이 지역에 있
는 숙소를 인터넷에서 검색할 수 없어서 사전에 예약하지 못했다. 구글
지도에 표시된 몇 곳 안 되는 숙소는 대부분 언덕 위에 있었다. 그곳에 숙
소를 잡으면 식사할 때라든지, 편의점에 갈 때 언덕을 오르고 내려가야
하는 불편이 있을 듯했다. 그래서 그쪽을 포기하고 도로변의 타이완대학
교(臺灣大學校) 삼림연구소 부설 허셔 삼림교육센터(和社森林敎育中心)부
터 찾아갔다. 허셔 삼림교육센터에는 나무들이 빼곡히 들어차 있는 커다
란 정원이 있었다. 다행히 빈방이 있어서 숙박비를 물어 보니 여직원이
계산기에 금액을 입력해서 보여 주었다. NT$ 1,200(약 45,600원)이었다.
다른 곳과 비교해서 숙박비가 비싸다고 슬쩍 떠보니까, 여직원은 전화기
를 들고 누군가와 통화했다. 잠시 후에 늘씬한 서양 아가씨가 나타났다.

타이완대학교 삼림연구소 부설 허셔 삼림교육센터(和社森林敎育中心)

프랑스에서 타이완대학교에 연구원으로 왔다는 그녀는 놀랍게도 한국말을 제법 했다. 영어 통역으로 나타난 그녀의 이야기는 다른 곳의 숙박료가 모두 NT$ 2,000(약 76,000원)이 넘는다는 것이다. 이 숙소가 조금 비싸기는 하지만, 빗속에 언덕을 오르내리며 다른 숙소를 찾아야 하는 게 쉽지 않은 일이고, 내일 있을 아리산 등정도 부담스러워 그냥 이곳에 묵기로 했다. 입고 있는 옷뿐만 아니라 패니어 속의 의류까지 눅눅해서 입실하자마자 비에 젖은 옷들을 옷걸이에 걸어서 선풍기 바람에 말렸다.

내일은 이번 여행의 하이라이트인 높이 2,700m의 아리산에 올라야 한다. 오늘 숙소의 해발고도가 750m이니까 하루에 고도 2,000m를 업힐해야 해서 솔직히 긴장되는 것을 숨길 수 없다.

• 왕샹춘(望鄕村) 숙소

숙소명	전화번호	주소	기타
시마쓰 농쑤앙 刀瑪斯 農莊	+886 4 9270 2170	望和巷15-20號	
두고우미쓰 민쑤 都構密斯民宿	+886 926 698 523	望和巷 10之10號	www.yohani.org.tw
허셔삼림교육센터 和社森林敎育中心	+886 4 9270 1004	同和巷47之1號	www.exfo.ntu.edu.tw
구루바 민쑤 谷盧巴民宿	+886 958 920 045		www.yohani.org.tw

아리산 오르막 45km는 난적이었다 -**3일 차**

- 이동: 왕상춘 → 아리산
- 거리: 45km
- 누적 거리: 174km

■이용 도로

왕상춘 → 21번 도로 → 타타지아(塔塔加) → 18번 도로 → 아리산

│ 위산(玉山)국가공원 │

눈이 내리면 은백색의 옥(玉)을 닮았다고 해서 이름 붙여진 위산(玉山)은 동아시아에서 가장 높은 해발 3,952m이다. 타이완에서 가장 큰 국가공원이기도 한 위산은 장엄한 산세와 다양한 동식물, 열대 우림부터 온대를 거쳐 고산의 추운 평원까지 두루 품고 있는 점이 또 다른 매력이다. 타타지아(塔塔加, 고도 2,760m)에서 시작하는 잘 단장된 등산로와 편의시설이 잘 갖추어져 있어서 우리나라의 산악인들도 많이 찾는다. 위산에 오르려면 미리 입산 신청을 해야 하는데, 외국인은 하루 24명만 등산할 수 있고, 인터넷을 통해 입산 45일 전에 신청을 받아서, 30일 전에 추첨한다.

아리산은 위산의 서쪽에 있는 해발 2,481m의 타이완 최고의 명산(名山)이자 영산(靈山)이다. 아리산은 하나의 산봉우리가 아니라, 타이완의 최고봉인 위산(玉山)에서 가까운 18개 봉우리를 총칭하는 이름이다. 아리산에서 놓치면 안 되는 5가지는 일출, 운해, 석양, 숲 그리고 산 정상까지 데려다 주는 삼림 열차이다. 1911년에 삼림 철도가 놓

이면서 많은 관광객이 찾아오기 시작했다. 아리산 삼림열차는 인도의 따지링 히말라야 등산철도와 페루의 안데스산맥 철도와 함께 세계 3대 고산 철도 중의 하나로 꼽힌다. 빨간색의 작은 기차를 타고 해발 30m에서 출발하여 2,274m 높이의 아리산 종착역까지 오르면 열대, 아열대, 온대의 갖가지 숲을 다 볼 수 있다. 추산(祝山)에서 맞는 일출과 운해는 맞은편에 보이는 위산의 위용과 더해지면서 더욱 장엄하게 느껴진다.

어제 오후부터 퍼붓던 비가 다행히 오늘은 내리지 않았다. 프랑스 산림연구원이 둥푸 산장(東埔山莊)의 식사비가 비싸다고 해서 숙소 부근의 음식점에서 두 끼 식량을 준비했다. 아침 7시, 드디어 아리산 등정을 시작했다. 오늘을 대비해서 그 동안 컨디션을 조절했는데도 불구하고 몸 상태가

좋지 않았다. 아리산 정상 부근의 숙소까지 45km는 내리막이 없이 오르막만 있다. 출발한 지 얼마 되지 않아서 경사가 서서히 가팔라졌다. 벌써부터 머리에서 땀이 비 오듯 흘러내렸다. 시간은 점점 흐르고 동아시아 최고 높이를 자랑하는 위산(玉山)과 그 주변의 산들이 구름 속에 희미하게나마 웅장한 모습을 보여주었다. 계속 이어지는 오르막에 지쳐서 쉬고 싶었지만, 길가에 마땅한 쉼터가 없어서 도로 가장자리에 멈춰 서서 잠시 쉴 수밖에 없었다.

아리산을 넘어가는 21번 도로는 차량 통행이 거의 없었다. 그런데 필자를 추월했던 차들이 전방에 일렬로 서 있었다. 무슨 일인가 하는 궁금한 마음에 페달을 꾹꾹 밟으며 긴 대열의 맨 앞으로 가보니, 산의 절개 면에서 도로로 커다란 낙석이 떨어져서 차량 통행을 막고 있었다. 타이완은 폭우나 지진 때문에 도로에 낙석이 떨어지는 일이 자주 발생하는데 이런 경우 안전을 위해서 모든 차량의 통행을 금지시킨다. 20분가량 기다린 후에야, 차량 통행이 다시 시작되었다. 시간이 흐르고 이제 웬만한 높이의 산들은 발아래에 위치할 정도로 고도가 높아졌지만, 여전히 비탈 경사가 완만하지 않으니 페달을 돌려도 앞으로 나아가지 못하고 마냥 제자리인 듯했다. 이렇게 최소한 일곱 시간 이상을 가야 하는데, 주행거리가 늘지 않으니 실망감이 커졌다. 설상가상으로 휴식은 또 다른 휴식을 원했다. 조금 전에 쉬었는데 또 쉬고 싶었다. 이런 식으로 가다가는 오늘 밤에야 숙소인 둥푸산장에 도착할 수 있다는 계산이 나왔다. 더도 말고 덜도 말고 딱 5km마다 쉬자고 자신을 다독였다. 가끔 지나가는 차량의 창문이 스르르 열리며, 차 안에서 필자한테 힘내라고 "찌아요우(加油)"를 외쳐 주었다.

구름에 갇혀 있던 태양이 간혹 빈틈으로 삐죽 나와서 반갑게 인사했다. 그럴 때는 서늘하다 못해 차갑게 느껴지던 공기가 물러나고 눈 부신 햇빛과 함께 따뜻한 공기가 하늘에서 내려왔다. 위산(玉山)은 1년에 열흘 정도만 온전히 볼 수 있다고 하는데, 그래도 혹시나 하는 기대를 했었다. 그러나 언제나처럼 오늘도 행운은 필자를 피해 가는 듯, 위산은 구름에 갇혀 모습을 드러내지 않고 아쉽지만 거대한 모습을 느끼는 것으로 만족해야 했다. 필자와 잠시 인사를 나누었던 태양은 자취를 감추고, 구름이 세상을 지배하기 시작했다. 정오가 지나면서, 산 아래에 깔렸던 구름이 계단을 밟고 오르듯이 추격해 왔다. 인간은 결코 자연을 이길 수 없는 법. 바람에 실려 온 안개구름이 순식간에 필자를 감쌌다. 앞을 분간할 수 없는 구름 속에서 안개비가 내렸다. 체력적으로 힘들지만 높은 산을 오르는 이유는 발아래에 펼쳐지는 산하를 내려다보는 정복감과 시야가 닿는 멀리까지 볼 수 있는 상쾌함이 있어서다. 지금의 고도는 한라산보다 높지만, 주변에 안개가 자욱해서 단지 코앞만 볼 수 있었다. 누군가가 옆에 있으면 덜 외로울 것 같다는 고독감이 느껴졌다.

해발고도 2,000m를 넘어서니 뒷덜미가 당기기 시작했다. 미국 로키산맥을 넘을 때는 이 증상을 고산병 때문이라고 생각했는데, 2,000m를

아리산으로 가는 왕상춘의 초입 마을이다.

갓 넘긴 고도에서 똑같은 증상이 나타났으니, 고산병이라고 하기에는 뭔가 허전했다. 몸이 힘들고 피곤한 것은 어떻게든 견딜 수 있지만, 목덜미가 당기는 것은 어찌해 볼 도리가 없었다. 수시로 자전거를 멈추고 목덜미를 마사지하며 근육을 풀어 주었다. 왜 이런 증상이 생겼을까? 나름으로 자가 진단해서 원인을 분석해 보았다. 길고 긴 오르막을 오랜 시간 고개를 숙이고 자전거를 타니, 4~5kg의 머리 무게를 지지해 주는 목 근육에 무리가 간 것은 아닐까? 그나마 다행인 것은 21번 도로에는 한두 군데에만 댄싱을 해야 하는 가파른 경사가 있었고, 나머지 구간은 그런대로 참을 만한 경사였다. 다만 업힐 거리가 멀다 보니 심리적인 위축감 때문에 실제보다 훨씬 더 체력이 떨어진 듯한 느낌을 받았다. 이럴 때 동반자가 필요하다. 동반자가 있어서 대화를 나누면 심리적으로 덜 피곤을 느꼈

해발고도 2,478m에 있는 부부나무(夫妻樹)이다.

을 것이다. 오로지 시간의 힘으로 8시간 만에 해발고도 2,645m의 타타지아(塔塔加)에 올랐다. 여기서부터 숙소인 둥푸산장까지는 내리막인데다가 지척이다. 때맞춰 21번 도로는 필자를 18번 도로에 인계하고 뒤로 물러섰다.

한 달 전에 전화로 둥푸산장을 예약하고, 인터넷으로 산장의 위치와 입구 사진을 여러 번 확인하고 눈에 익혀 두었지만, 세상만사가 학습한 것과는 다른 법. 아무리 둘러봐도

산장 입구를 찾을 수 없었다. 게다가 여기부터는 내리막길이어서 혹시라도 내려갔다가 다시 올라와야 한다면, 그건 최악의 상황이 될 수 있었다. 이곳저곳 직접 가서 산장으로 연결되는 도로가 있는지 없는지 확인하면 되겠지만, 피곤이 극에 달해서 스마트폰 지도만 보고 씨름했다. 그러나 스마트폰 지도에는 산장이 표시되어 있지 않았다. 마침 산에서 내려오는 등산객이 있어서 도움을 청했지만, 그 사람도 여기가 처음이라서 모르기는 마찬가지였다. 적지 않은 시간이 흐르고 나서야 지나가던 트럭 운전사의 도움을 받아 겨우 둥푸산장의 입구를 찾을 수 있었다.

타타지아 휴게지역에서 21번 도로는 18번 도로로 바뀐다.

둥푸산장은 사전에 예약해야 숙박할 수 있다.

산장에 도착하니 갑자기 한기가 몰려왔다. 아리산에 오르던 8시간 동안은 몸에서 나는 열 덕분에 추위를 느끼지 못했는데, 숙소에 도착해서 땀이 식으니 추위가 느껴졌다. 몸이 덜덜 떨릴 정도로 추웠다. 패니어에서 옷이란 옷을 다 꺼내서 입었지만, 그래도 추위가 가시지 않았다. 하는 수 없이 이불 속으로 들어가 땀이 마를 때까지 누웠다. 이렇게 한참을 이불 속에 누워 있으니 땀이 마르고 추위가 가셨다. 밤이 깊어 가니 비어 있

별도로 주문한 저녁 식사 메뉴(NT$ 200)는 소고기, 돼지고기, 생선 튀김, 채소, 찹쌀밥이었다.

던 둥푸산장 마룻바닥이 산 사나이들의 침낭으로 메워졌다. 산장의 하나뿐인 식당 겸 휴게실은 지리산이나 설악산의 산장과 마찬가지로 옹기종기 모여서 도란도란 이야기를 나누는 산사람들의 열기로 가득했다.

둥푸산장(東埔山莊)

- 주소: 嘉義縣阿里山鄉中山村自忠77號
- 전화번호: +886 4 9270 2213
- 인터넷 주소: www.dongpu.mmweb.tw
- 숙박요금: NT$ 300 (약 11,400원)

• 아리산 숙소

숙소명	아고다 평점	숙박료
Alishan Lauya Homestay	8.9	228,504원
Alishan B&B Yun Ming Gi	8.4	118,670원
Dang GUEI Homestay	8.2	101,182원
Applause In The Mountain	8.1	99,933원

＊둥푸산장에서 18번 도로를 타고 자이 방향으로 20여 km 내려가면 아리산풍경구(阿里山風景區)가 있다. 그곳에 아리산 기차역(阿里山火車站)과 호텔, 음식점 등이 있다. 숙소 평점과 숙박료는 수시로 변경된다.

자이시까지 이어지는 끝없는 내리막길 -4일 차

- 이동: 아리산 › 지이嘉義
- 거리: 95km
- 누적 거리: 269km

■ 이용 도로

> 아리산 → 18번 도로 → 자이

　3월 초인데도 아리산 정상의 아침 기온은 영하였다. 옷을 두껍게 껴입고 손과 발은 체온을 빼앗기지 않으려고 비닐봉지로 감싸고 그 위에 장갑과 클릿신발을 신었다. 산 아래쪽에서 불어오는 강한 바람 때문에 내리막인데도 페달을 밟아야 내려갈 수 있었다. 거기에 타이완 공무국은 내리막 도로만 만들면 재미가 덜하다고 생각했는지, 곳곳에 오르막 구간도 적지 않게 만들어 놓았다. 어제 업힐 하느라고 고생한 보상을 제대로 받지 못하니, 상심이 작지 않았다. 어제 아침 출발지인 왕샹춘의 해발고도가 750m였고, 그곳에서 45km 떨어진 아리산의 타타지아가 2,645m였다. 그런데 오늘은 해발고도 2,550m인 둥푸산장을 출발해서 45km 떨어진 지점의 해발고도가 1,600m였다. 이것은 자이(嘉義)에서 아리산을 오르는 18번 도로가 왕샹춘에서 아리산으로 이어지는 21번 도로보다 완만함을 의미했다. 타이완 사람들은 자신들의 영산(靈山)인 아리산을 오르는 18번 도로를 '만만디' 하게 만들어 놓았다.

아리산에서 자이시(市)까지의 18번 도로는 대부분 내리막이다.

자전거 여행을 하다 보면, 이곳저곳 둘러보는 여행과 목적지까지 곧장 가는 라이딩 사이에서 고민하곤 한다. 오늘도 여기저기 유적지와 관광지에도 가서, 타이완의 문화와 역사를 체험하면 좋으련만, 오후부터 비가 내린다는 일기예보를 핑계 삼아 곧장 숙소로 향했다. 비를 맞는다고 무슨 일이 일어나는 것도 아닌데, 비가 내리면 마음이 급해지는 경향이 있다. 이렇게 자전거만 타다가 귀국하면 많이 후회한다는 것을 경험상 알고 있지만, 막상 그 순간에는 마음의 여유를 갖는 것이 말처럼 쉽지 않다. 오늘 숙소인 호텔 디스커버 라이트Hotel Discover Lite는 필자의 마음에 쏙 들었다. 숙박료가 저렴한 도미토리 호스텔인데도, 얼마나 깨끗하고 직원들이 친절한지 여러 날 묵고 싶을 정도였다. 침대 머리맡에 스마트폰 충전 단자가 있어서, 굳이 전원 어댑터를 가지고 다닐 필요가 없었다. 그동안 자전거를 타고 가다가 뜻을 모르는 한자를 보면 그냥 지나쳤는데, 우연히 알게 된 스마트폰 앱 '포켓한자사전'은 척척박사였다. 필기체로 스마트폰

한자의 여러 가지 의미를 알 수 있는 앱과 매일 매일 날씨를 알려 주는 앱이 유용했다.

화면에 한자를 쓰면, 그 단어의 음훈(音訓)을 알려 주는 애플리케이션이
었다. 앞을 못 보던 필자가 어느 날 갑자기 개안(開眼)한 느낌이라면 조금
과장이겠지만, 어쨌든 그때그때 궁금증을 해결하니 기분이 상쾌해졌다.

　타이완을 혼자서 자전거 여행하는 27살 일본 청년이 필자의 옆 침대에
두숙했다. 자전거 여행 경험이 없는지, 간단한 고장을 고치지 못해서 쩔
쩔매는 모습이 안쓰러워서 잠깐 도와주니 무척이나 고마워했다. 저녁 식
사 후에 숙소에서 얻은 시내 지도를 보면서 원화 야시장(文化夜市場) 탐험
에 나섰다. 그렇지만 아무리 가도 야시장이 보이지 않아서 주변 사람에게
물어보았지만, 사람마다 대답이 달랐다. 마지막으로 물어본, 영어를 제법

하는 현지인이 우리가 야시장의 정반대 쪽에 있다고 알려주어서 야시장 탐험의 종지부를 찍어야 했다.

• 자이(嘉義) 숙소

숙소명	아고다 평점	숙박료
Chiayi Guanzhi Hotel	8.1	81,536원
Maison De Chine Hotel	8.4	63,948원
Chiayi Petite Hostel	9.1	21,576원
Hotel Discover Lite	8.8	18,305원

*자이에는 많은 숙박업소가 있으며, 가격대도 다양하다. 평점과 숙박료는 수시로 변경된다.

┤ 자이역 → 타이베이 기차편 ├

• 쯔창호(自强號, TC):
➡ 운행시간: 06:00 ~ 20:33 (17개 열차)
   소요시간: 3시간 30분
   운임: NT$ 598 (약 22,800원)

• 쥐광호(莒光號, CK)
➡ 운행시간: 09:21 ~ 19:05 (7개 열차)
   소요시간: 약 5시간
   운임: NT$ 461 (약 17,600원)

*자세한 출발시각과 운임은 타이완 철도국(www.railway.gov.tw) 홈페이지를 참고하기 바라며, 버스를 이용해서 타이베이로 돌아갈 수도 있다.

자전거를 포장한 경우에는 타이완의 모든 열차에 자전거를 적재할 수 있으며, 로컬 열차는 운임 50%를 더 주면 박스 포장하지 않고도 자전거를 실을 수 있다.

타이중과 타오위안의 웜샤워 멤버

1. 타이중의 웜샤워 CK

타이완 육군 장교 출신인 CK는 활발하게 활동하는 웜샤워의 멤버이다. 그는 개인적으로 바이킹 타이완Biking Taiwan 인터넷 사이트를 운영하며 타이완의 자연환경과 음식 등을 외국인에게 홍보하고 있다. 필자는 호스트 부부의 집에서 일박하며 타이완의 명물인 유바이크를 빌려서 타이중 시내와 펑지야 야시장를 둘러 볼 수 있었다. 아울러 필자가 처리하지 못한 숙박업체와의 문제를 그기 대신 깔끔하게 해결해 주었다.

2. 타오위안의 웜샤워 Hsi-Chun Tsai

그는 유럽을 1년, 일본을 4개월 자

전거 여행하면서 받았던 따뜻한 환대를 이제 돌려주어야 한다는 생각으로, 타이완을 찾는 외국인 자전거 여행자를 호스트하고 있는 건전한 타이완의 젊은이였다. 그에게서 타이완 젊은이들의 가치관과 정체성에 대해서 들을 수 있었다. 고유문화가 있는 한국이나 일본과 달리, 타이완의 젊은 층은 자신들만의 고유문화가 없다는 것과 정체성의 혼돈으로 고민하고 있다는 것이다. 우리가 몰랐던 타이완 사람들의 고민이었다.

*본 콘텐츠는 2017년 3월 기준으로 작성되었습니다. 현지 사정에 의해 정보가 달라질 수 있습니다.

Chapter 2.

가오슝(1) → 컨딩(1) → 헝춘(1) → 타이둥(1) → 루이쑤이(1) → 화롄(2) [7박 8일]

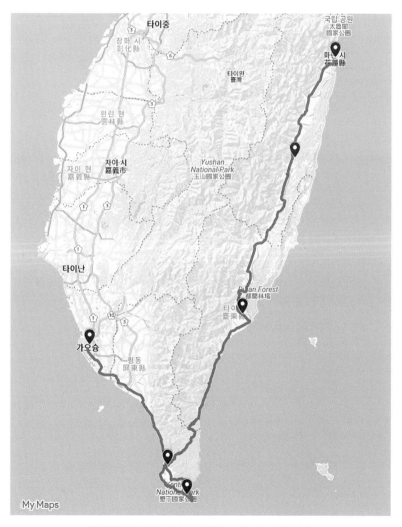

빨간색 아이콘은 필자가 숙박한 도시 또는 마을이다.

■ 코스 특징

룽후탑(龍虎塔)으로 유명한 타이완 제2 도시인 가오슝에서 출발하여, 타이완 최남단의 컨딩과 어롼비 등대까지 간 다음, 형춘반도를 가로질러 타이둥에 도착한다. 대부분 구간은 평지이지만, 처청향(車城鄉)부터 서서히 오르막이 시작되어 형춘 기점 36km 지점에 이르면 해발고도 463m가 된다. 이후로는 내리막이 이어지다가 9번 도로를 만나 타이둥에 다다른다. 타이둥에서는 화둥해안(花東海岸) 또는 화둥종곡(花東縱谷)으로 화롄에 가서 세계적으로 알려진 타이루거 협곡을 보는 코스이다.

• 인천 → 가오슝 항공편

항공사	편명	출발시간	도착시간	운항날짜
제주항공	7C4501	13:35	15:10	매주 화, 금
에바항공	BR0171	20:45	22:40	매일
중화항공	CI0165	11:25	13:25	매일
캐세이퍼시픽	CX043외	13:35 외	18:25 외	매일

• 인천 → 타이베이 항공편

인천 → 타오위안	대한항공, 아시아나항공, 캐세이퍼시픽, 중화항공, 에바항공 등
김포 → 쑹산	티웨이, 이스타항공, 중화항공, 에바항공

┤ 타이베이 → 가오슝 이동 ├

타이베이(기차)역(臺北車站)에서 고속열차인 까오티에(臺灣高鐵)를 타면 가오슝의 까오티에 쭤잉역(高鐵左營)까지 1시간 30분 ~ 2시간가량 소요된다. 까오티에는 매일 아침 6시 30분부터 15분 간격으로 밤 10시 30분까지 운행하며 요금은 NT$ 1,630(약 62,000원)이다. 까오티에 쮀잉역에서 가오슝 시내까지는 MRT를 이용하면 편하게 갈 수 있다. 쯔창호(自强號)로는 타이베이에서 가오슝까지 대략 5시간이 걸리며, 요금은 NT$ 843(약 32,000원)이다.

그 외 타이베이(기차)역에서 시외버스를 이용하거나, 쏭산공항(松山機場)에서 국내선 항공 이용도 가능하다.

가오슝 국제공항 → 가오슝 시내 이동

가오슝 국제공항역(MRT R4)에서 레드 라인을 이용하면 시내까지 쉽게 이동할 수 있다. 소요시간은 20~30분이다.

인천공항에서는 사전에 등록한 웹&모바일 체크인 덕분에 북새통을 겪지 않고 별도로 지정된 체크인 카운터에서 간단히 발권 절차를 밟을 수 있었다. 스마트폰 보조 배터리 기내 반입 규정이 모호해서 아예 말썽의 소지를 없애려고, 전자기기의 모든 배터리를 위탁수하물 가방에서 빼내 기내 반입 가방으로 옮겼다.

타이완에서는 위도상으로 가오슝 아래 지역을 제외하면 우리나라처럼 공해와 미세먼지 때문에 파란 하늘을 보기 어렵다고 하는데, 가오슝에 도착해 보니 그 말이 맞았다. 가오슝의 높고 파란 하늘은 마치 우리나라의 가을 하늘 같았다. 이곳 기온은 우리나라의 초여름과 비슷하지만, 일부 가오슝 시

게스트하우스가 투숙객의 프라이버시를 보호하기 위한 구조로 설계되어 있다.

민들은 겨울옷을 입고 시내를 다니고 있었다. 정말 추위를 느껴서 그렇게 입고 다니는기 궁금해서 겨울옷을 입은 여인에게 말을 건네 보았다. 하지만 그녀는 낯선 사람에 대한 경계심 때문인지 별다른 대꾸를 하지 않았다. 타이완 여인으로부터 아무런 반응이 없어서 실망하고 떠나려고 하니, 그제야 웃으면서 뭐라고 중국 말로 대답했다. 필자가 알아들을 수 없는 말로 이야기하니 더는 대화가 진전되지 않았지만, 낯선 남자의 치근거림을 탓하지 않은 그녀의 응답에 기분이 좋아졌다. 오늘 입실한 숙소의 결제방식은 다소 유별났다. 필자가 예약한 시점에 신용카드로 NT$ 141(약 5,400원)을 먼저 결제하고, 나머지 NT$ 329(약 12,500원)는 오늘 현장에서 현금으로 결제하는 방식이었다.

또한, 이 게스트하우스의 침대 배치는 다른 게스트하우스와 달랐다. 다

많은 사람이 야시장에서 저녁 식사했다.

른 곳에서는 통로를 사이에 두고 침대를 나란히 벽 쪽에 붙이는 구조라서 고개만 돌리면 건너편 침대를 엿볼 수 있는데, 이곳은 발이 놓이는 침대 의 끝부분만 통로와 접하게 했다. 그리고 머리 쪽을 벽 쪽에 배치하여 다른 사람의 시선으로부터 완전히 차단하는 형태였다. 발 부분 또한 커튼을 쳐서 마치 캡슐 객실과 비슷했다. 저녁 식사를 마치고 나니 시간 여유가 있었다. 주변도 둘러보고 산책도 할 겸 숙소 주변의 야시장으로 갔다. 타이완도 우리나라와 마찬가지로 일부 가게만 시끌벅적하고 손님이 없는 가게는 파리를 날리고 있었다.

┃ 가오슝(高雄市) ┃

가오슝은 쌀, 설탕, 바나나, 파인애플, 땅콩, 감귤류 등을 주로 수출하는 타이완 제2의 도시이다. 가오슝의 남동쪽에는 1970년대 중반에 완공된 린하이공업구(臨海工業區)가 있고, 공단에는 제철소, 조선소, 석유화학 단지가 있다. 가오슝의 랜드마크인 85층 둥디스(東帝士)85스카이빌딩과 북적대는 야시장이 현대적인 분위기를 보여 준다면, 시내 곳

곳에 자리한 불교 사원과 녹지 공원, 시즈만(西子灣)의 석양은 따뜻한 감성을 전해 준다.

바다와 인접한 가오슝의 겨울은 우리나라의 늦가을과 기온이 같아서, 이때가 가오슝을 여행할 수 있는 최적기이다.

정월 대보름의 등불 축제는 가오슝 대표 축제로, 타이완 사람은 물론 외국인들도 많이 찾는 축제다. 또한, 타이베이의 야시장과 다른 특별한 매력을 가진 리우허 야시장(六合夜市)은 타이완의 3대 야시장 중의 하나로, 관광객에게 즐거운 체험을 안겨 준다. 바다와 가까운 가오슝은 해산물 요리가 뛰어나다. 대표적 해산물 거리인 치진 해산물거리(旗津海鮮街)는 저렴한 가격에 다양한 해산물 요리를 맛볼 수 있어서 내·외국인에게 인기가 많다.

┤ 가오슝 명승지 ├

리엔츠탄풍경구(蓮池潭風景區)에 들어서면 7층 높이의 쌍둥이 탑인 룽후탑(龍虎塔)이 관광객을 맞이한다. 각각의 탑 밑에 용과 호랑이가 입을 벌린 채 있는데, 관광객은 용의 입으로 들어가서 호랑이 입으로 나와야 한다. 이것은 '용의 입으로 들어가면 행운이 오고 호랑이 입으로 나오면 화를 피할 수 있다'라는 전설 때문이다. 1976년에 건축된

룽후탑의 내부에는 삼국지와 관련된 다양한 그림이 화려하고 과장된 색깔로 칠해져 있다.

• 가오슝 숙소

숙소명	아고다 평점	숙박료
Howard Plaza Hotel	8.2	79,543원
Khan Hotel	8.7	43,873원
Pathways Hostel	8.8	22,485원
Paper Plane Hostel	8.5	19,978원

*가오슝에는 숙박업소가 많이 있으며, 가격대도 다양하다. 평점과 숙박료는 수시로 변경된다.

놀랍도록 교통법규를 잘 준수하는 타이완 사람들 -1일 차

- 이동: 가오슝 → 컨딩
- 거리: 105km
- 누적 거리: 105km

■ 이용 도로

> 가오슝 → 17번 도로 → 팡랴오(枋寮), 1번 도로 → 팡산(枋山),
> 26번 도로 → 컨딩

타이완 사람들이 교통법규를 지키는 모습을 보면 반할 정도였다. 심지어 오토바이 운전자까지 법을 지키는 것이 생활화된 듯 정확한 위치에서 다음 신호를 기다렸다. 우리나라에서는 비록 전방에 빨간색 정지신호가 들어와 있어도 통행하는 사람이 없으면 우회전을 할 수 있지만, 타이완에서는 빨간색 정지신호일 때는 방향을 불문하고 모든 차량은 정지해야 한다. 그래서 우리나라처럼 자전거가 우회전하는 차량 때문에 우측 끝 차선을 피해서 직진 신호를 기다릴 필요가 없었다.

가오슝 남쪽에 린하이 공업구(臨海工業區)가 있어서 베트남의

타이완의 오토바이 운전자들은 놀라울 만큼 정지선을 잘 지켰다.

호찌민만큼은 아니지만, 이곳도 오토바이가 도로를 꽉 메웠다. 이 오토바이들이 좁은 이륜차 전용 차로를 빠른 속도로 질주하니, 필자는 뒤에서 달려오는 오토바이들 때문에 차선 바꾸기가 쉽지 않았다. 게다가 타이완 환도 1호선 Cycling Route No. 1 임을 알려 주는 표지판이 정작 필요한 곳에 설치되지 않아서 필자가 제대로 가고 있는지 알 수 없었다.

타이완 지도와 도로 표지판에 빨간색과 무궁화 그림으로 표시된 쾌속도로(快速道路, Expressway)와 고속도로(高速道路, Freeway)에는 자전거가 진입할 수 없다.

타이완 도심에서 라이딩 중에 휴식을 취하고 싶을 때는 편의점에 들어가면 좋다. 대부분 편의점에는 쉴 수 있는 충분한 의자와 탁자가 비치되어 있어서, 일부 자전거 여행자들은 편의점에서 숙식까지 해결하기도 한다. 빈랑(檳榔)이라는 간판이 걸려 있는 유리 부스 안에 젊은 여자가 앉아 있는 모습을 어렵지 않게 볼 수 있었다. 처음

타이완 환도 루트 상에 있는 경찰서는 자전거 여행객을 돕는 임무도 일과 중의 하나다. 경찰서에 캠핑할 수도 있고 물을 얻을 수도 있다.

에는 다른 동남아시아처럼 반찬 등을 파는 가게인 줄 알았는데, 하나같이 젊은 여자가 앉아 있는 것이 특이했다. 반찬가게라면 나이 지긋한 여자가

거리에서 빈랑 가게 찾기가 어렵지 않았다.

더 어울릴 텐데, 왜 젊은 여자가 앉아 있을까 하는 호기심과 궁금증이 발동했다. 인터넷을 검색해 보니 빈랑은 각성제 성분이 들어 있는 열매로, 후추 잎에 식용 석회와 함께 말아서 씹는다고 한다. 특히 트럭 운전자들이 졸음을 쫓기 위해서 빈랑을 씹는데, 한창나이의 젊은 트럭 기사들을 가게로 유인하기 위해서 짧은 스커트를 입은 젊은 미인을 둔다고 하니, 미인계를 이용한 마케팅 전략인가 싶어서 자신도 모르게 실소가 나왔다.

40대 후반으로 보이는 동양인 자전거 여행자가 필자에게 말을 걸었다. 그는 자신을 일본 나고야에서 온 테루오 요시다 Teruo Yoshida 라고 소개했다. 올해 60세가 되어서 직장에서 은퇴하고, 같은 직장에 계약직으로 재취업하기 전에 잠시 쉬는 틈을 이용해서 타이완으로 자전거 여행을 왔다고 한다. 일본으로 돌아가면 자신이 근무했던 화학 설비 엔지니어링 회사로 복귀해서 나이 65세까지 근무할 거라는 말을 듣고 나니 일본의 정년 제도가 부러웠다. 테루오와 타이완 여행을 같이 다니면 심심하지 않아서 좋겠는데, 일정이 같은 듯하면서도 중요한 순간에 달라서 함께 다닐 수

없었다. 그는 지도 한 장과 괴나리봇짐 같은 작은 배낭 하나만 달랑 메고 타이완에 왔는데, 주렁주렁 패니어를 달고 있는 필자와 비교하니, 그의 짐 줄이는 능력은 단연 돋보였다. 다만 본인이 손으로 그린 약도를 보고 숙소를 찾아간다니, 길 안내하는 디지털 기기 덕분에 쉽게 숙소를 찾아가는 필자와 대비되었다.

점심때가 되니 햇볕이 무척 따가웠다. 뜨거워지는 햇볕에 비례해서 마음이 급해지고 헝춘에서 컨딩까지의 짧은 거리가 더욱 멀게 느껴졌다. 바닷가 옆길이라서 멋진 풍광에 눈은 호강했지만, 마음만은 지루하기 짝이 없었다.

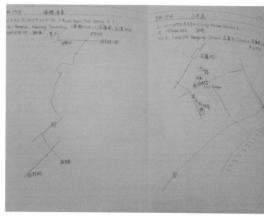

테루오Teruo의 짐은 단출했다. 플랜트 엔지니어 출신인 그는 공책에 숙소 약도를 그려서 찾아다녔다.

오토바이가 사거리에서 좌회전하려면, 일단 직진한 후에 전방의 대기 구역에서 왼편 신호등의 직진 신호를 기다려야 한다.

| 컨딩(墾丁) |

타이완 최남단에 타이완 최초
의 국립공원인 컨딩국가공원
(墾丁國家公園, 1984년 지
정)이 있다. 코발트색 바다와
부드러운 모래사장, 그리고 백
사장 뒤로 열대지방의 자연경
관과 달콤한 과일들이 관광객
을 매료시킨다. 산호초가 자라
는 바닷속은 열대 어류가 많
고, 수중 경관이 뛰어나 해수
욕과 스쿠버 다이버 등 해양
스포츠를 즐기는 관광객들이
많이 찾아온다.

• 컨딩 숙소

숙소명	아고다 평점	숙박료
Smokey Joe's Hotel	9.0	124,885원
Dreamer Boutique Hotel	8.9	68,704원
157 Boutiuque Guesthouse	8.9	23,859원
Langkawi B&B	7.4	19,270원
Daban Six Guest House	8.7	16,518원

*컨딩에는 숙박업소가 많이 있으며, 가격대도 다양하다. 평점과 숙박료는 수시로 변
경된다.

타이완의 땅끝마을 어롼비 –2일 차

- 이동: 컨팅 → 어롼비 → 헝춘
- 거리: 59km
- 누적 거리: 164km

■ 이용 도로

> 컨딩 → 26번 도로 → 어롼비 → 26번 도로 → 헝춘

┃ 어롼비(鵝鑾鼻) ┃

어롼비는 타이완 최남단에 있
는 곳으로, 원주민의 언어로
'범선(帆船)'이라는 뜻이다.
이 곳은 루손 해협Luzon Strait
에 뾰족한 모양으로 좁고 길게
내밀고 있는 형태인데, 컨딩국

가공원(墾丁國家公園)에 속한다. 어롼비 등대는 중국 청나라 때인 1881년
에 지어져 선박들의 길잡이 역할을 하다가, 청일전쟁 때 청나라 군대가 철수
하면서 파손한 등대를 1910년에 복구하였다. 현재는 등대의 기능보다 역사
적 기념물로서의 의미가 더 크다.

네이버로 검색한 오늘 날씨는 초속 4m의 북풍이었다. 어제와 오늘은
남진했지만, 내일부터는 북상해야 하기 때문에 오늘 중에 바람이 잦아들
어야 고생이 덜할 텐데, 일기예보로는 내일 더 강력한 북풍, 맞바람이 분

컨딩 지역은 바람이 강하기로 유명하다.

우리나라 전남 해남의 땅끝마을처럼 어환비에도 조형물이 세워져 있었다.

다고 한다. 내일의 일은 내일 걱정하자고 미루어 놓고, 타이완 최남단의 어환비 등대를 찾아 나섰다. 뒤바람 덕분에 힘들이지 않고 타이완의 땅끝마을에 도착할 수 있었다.

길에서 만나는 몇몇 타이완 사람들은 필자의 국적이 궁금한지 어디서 왔느냐고 물으며 필자가 대답하기도 전에 웃으면서 일본 사람이냐고 자문자답(自問自答)을 했다. 한국 사람이라는 필자의 대답에 가끔 실망하는 기색을 감추지 못했는데, 그럴 때마다 1992년에 있었던 타이완과의 외교 관계 단절 때문이라는 생각이 들었다. 타이중의 웜샤워 회원에게 일본과 타이완의 관계에 관해서 물어본

적이 있다. 그의 설명에 의하면 청일전쟁 이후에 일본의 식민지가 된 타이완은, 식민지배 초기에는 우리나라가 그랬던 것처럼 심한 저항을 했다고 한다. 이에 일본은 강한 압박정책을 써서 타이완 사람을 많이 살해했는데, 그런 일이 있고 난 뒤, 일본은 유화정책을 실시했다고 한다. 그리고 타이완 사람들도 더는 저항하지 않고 일본의 식민 지배를 현실로 받아들

였다고 한다. 어제 일본인 테루오 요시다에게 일본인들이 왜 타이완 여행을 많이 오는지 물어보았다. 그는 타이완이 일본에서 지리적으로 가깝고, 치안이 안정되고, 물가가 싸고, 친절하다는 점을 꼽았다.

어룬비 등대를 찾은 요시다와 일본 고등학교의 수학선생님인 다나카

오늘 묵을 헝춘에 도착했지만, 오후 4시인 체크인 시간까지 무려 5시간이나 남아 있었다. 바람이 강해서 밖으로 돌아다니지 말고 음식점과 숙소 로비에서 적당히 시간을 보내다가 체크인할까도 생각했지만, 그러기에는 남은 시간이 너무 길었다. 필자는 여행 일정상 꼭 라이딩해야 하는 코스 이외에는, 귀찮아서 자전거를 끌고 나가지 않으려 한다. 그렇지만 일찍 객실에 들어간다고 특별히 할 일이 있는 것도 아니어서 이번에는 마

타이완의 지방에는 해당 지역의 유명 관광지를 연결하는 자전거 도로가 적지 않았다.

음을 바꾸었다. 이렇게 큰마음 먹고 자전거 나들이를 나선 도로가 '헝춘 순환도로 1-19'였다. 지나다니는 차량이 없어서 한적한 남중국해 연안의 멋진 바닷가 도로였다.

이틀 전에 호텔 예약 사이트를 통해서 오늘 묵을 수 대디 인Su Daddy Inn

예약을 마쳤는데, 곧바로 체크인 날짜에 잘못이 있는 것을 발견했다. 그래서 체크인 날짜를 변경하려고 했지만, 취소 불능 조건이라서 체크인 날짜를 변경하는 것이 불가능했다. 숙박료가 싸고 비싸고를 떠나서 이미 돈을 냈는데 다시 같은 금액을 내려니 억울한 마음이 들었다. 이 호스텔에 전화해서 부탁하면 숙박 날짜를 변경해 줄 것 같아서 전화를 걸었지만, 발신 신호만 갈 뿐 전화 연결이 되지 않았다. 어제 묵었던 컨딩의 켄팅 워커 호스텔Kenting Walker Hostel은 더 심했다.

호텔예약 사이트인 '부킹닷컴'에 신용카드 정보를 입력하고 예약을 마쳐서 끝난 줄 알았는데, 그게 끝이 아니었다. 예약한 날로부터 이틀 이내에 페이팔로 숙박료를 보내지 않으면 노 쇼로 간주하고, 취소 수수료를 물리겠다고 했다. 페이팔 계좌번호도 알려 주지 않고, 입금하지 않으면 수수료를 물리겠다니, 너무 황당해서 전화했더니 알아듣지 못하는 중국말 자동응답 메시지만 계속 나왔다. 이 두 문제의 해결을 위해서 타이중의 지인에게 도움을 요청했다. 워샤워 호스트로 픽자와 인연을 맺은 그가 이 문제를 깔끔하게 처리해 주었다. 고마워서 보답하겠다고 하자, 그는 나중에 한국에 놀러 가면 한국 BBQ를 사달라고 하며 껄껄 웃었다. 멋있는 친구다.

오늘 숙소인 수 대디 인Su Daddy Inn을 찾을 수 없었다. 구글 지도에 표시된 지점을 아무리 살펴봐도 숙박업소가 없었다. 주변의 현지인에게 물어보았지만, 그들도 고개를 갸웃거리기는 마찬가지였다. 인근에 있던 세 명의 여인은 한글로 된 필자의 숙박 확인서를 보고 자기들끼리 쑥덕거리며 관심을 표했다. 그렇지만 이 여인들도 별 도움을 주지 못했다. 지금껏 자전거 여행을 다니면서 숙소를 찾지 못한 경우가 없었는데, 뜻밖의 상황에

처하니 약간은 당황스러웠다. 결국, 길 찾기의 기본으로 돌아갔다. 숙소 주소와 건물에 표시된 지번(地番)을 하나하나 대조해 가며 이 골목 저 골목을 뒤지기 시작했다. 이렇게 마지막 수단을 동원하니 오래 걸리지 않아서 골목 안에 괴이한 겉모습을 한 숙소를 찾을 수 있었다.

수 대디 인Su Daddy Inn의 독특한 외관

체크인하고 객실에 들어가니 대낮인데도 남자 두 명과 여자 한 명이 각자의 침대에서 자고 있었다. 마치 환각 파티에 합류한 느낌이 들었다. 이런들 어쩌리 저런들 어쩌리. 샤워를 마치고 필자도 그들처럼 긴 낮잠에 빠져들었다. 저녁이 되니 다른 사람들은 다 체크아웃하고 조폭처럼 등에 문신이 가득한 젊은 친구와 둘만 한 방에 남았다. 상대가 누군지 알 수 없으니 살짝 긴장되었다. 어색한 분위기를 깰 겸, 큰 용기를 내어 국적을 물어보니 이웃 나라 일본인이었다. 일본인이라면 일단 밉지만 그래도 정직하다는 선입견이 있어서 조금은 안심이 되었다. 도미토리 객실 내에 귀중품 보관함이 없으니 그를 믿고 부피가 나가는 귀중품을 침대에 두고 저녁 식사하러 밖으로 나갔다. 숙소 주변에는 맥도날드 햄버거 가게 이외에 다른 음식점은 없었다. 필자는 해외 자전거 여행 나왔을 때는 최대한 현지 음식을 먹으려고 한다. 그러나 다음 날 어려운 산악 코스가 있다거나, 내일처럼 강한 맞바람이 불어서 고전이 예상되는 경우에는 불안한 마음을 조금이라도 진정시키기 위해 햄버거처럼 익숙한 음식을 먹기도 한다. 햄버거를 먹으면서 내일 바람이 잦아들기를 바라며 조금씩 마음의 평안을 찾아갔다.

• 헝춘 숙소

숙소명	아고다 평점	숙박료
Avignon Hostel	8.4	71,815원
Summer Colour Guest House	9.0	43,721원
Big Nose Inn Guesthouse	9.2	33,063원
Su Daddy Inn	9.2	8,259원

*헝춘에는 많은 숙박업소가 있으며, 가격대도 다양하다. 평점과 숙박료는 수시로 변경된다.

헝춘반도를 가로질러 태평양으로 -3일 차

- 이동: 헝춘 → 따우 → 타이둥

- 거리: 135km

- 누적 거리: 299km

■ 이용 도로

헝춘 → 26번 도로 → 처청(車城) → 199번 도로 → 9번 도로 →

따우(大務) → 9번 도로 → 타이둥

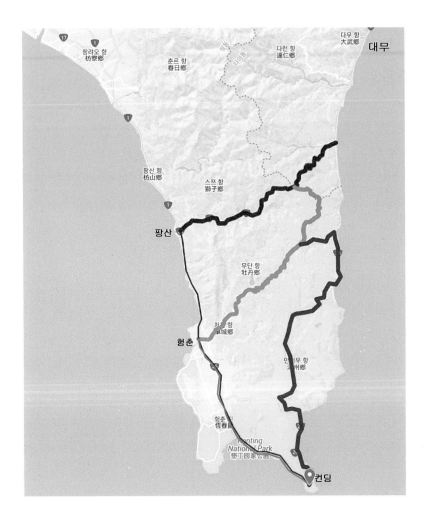

　컨딩에서 타이완 동해안으로 가는 코스는 크게 3가지가 있다. 첫 번째
는 26E 도로를 따라서 북쪽으로 가다가 팡산(枋山)에서 9번 도로를 이용
해서 헝춘반도(恒春半島)를 가로지르는 방법(빨간색 코스), 두 번째는 헝춘
에서 199번 도로로 내륙을 건너는 방법(녹색 코스), 세 번째는 컨딩에서
타이완 동해안을 따라 올라가다가 199번 도로와 9번 도로를 차례로 만나
는 방법(파란색 코스)이 있다.

타이둥은 타이완 섬 남동부 최대의 도시이지만, 관광객에게 잘 알려지지 않은 조용한 도시이다. 시민의 절반 이상이 타이완 원주민으로, 둥글고 짙은 눈동자와 뚜렷한 이목구비, 서글서글하고 명랑한 인상이다.

타이둥은 불상의 머리처럼 생긴 열대과일 스지아(釋迦)의 산지이다. 또한, 주변 1일 관광의 편리한 출발점이다. 북쪽으로 동부 해안 국립관광지가 있고 내륙으로는 남부 횡단 고속도로가 연결되어 있다. 동쪽으로는 뤼다오, 란위다오가 있고, 남쪽으로는 지본온천(知本)이 있다.

오늘의 1차 목표는 헝춘에서 60여 km 떨어진 따우(大務)이지만, 그곳에 도착해서 체력에 여력이 있으면 120여 km 떨어져 있는 타이둥까지 가려고 한다. 그러니 오늘만큼은 서둘러야 해서 오전 6시에 길을 나섰다. 밖으로 나오니 하늘이 만만치 않게 심술을 부리고 있었다. 대항할 아무런 힘이 없으니 맞바람을 고스란히 받으며 투덜댔다. 필자는 참으로 까다로운 사람이다. 바람이 불면 분다고 투덜대고, 햇볕이 내리쬐면 덥고 땀나고 눈부시다고 불평하고, 더위를 식히는 시원한 비라도 오면 옷이랑 가방이 젖는다고 질색한다. 그렇다고 해서 필자가 어떤 날씨를 좋아하는지 자신도 모른다. 어쨌든 맞바람을 싫어하지만, 오늘의 바람은 심상치 않았다. 일기예보처럼 초속 8m의 북동풍이 부는 듯했다. 그나마 군데군데 강력한 바람을 막아 주는 천연 지형지물이라든지 건물 같은 인공 구조물이 있어서 다행이라면 다행이었다.

헝춘반도를 가로지르는 199번 도로는 지나다니는 차량이 거의 없는 산속 호젓한 길이었다. 헝춘을 출발해서 36km 시점(고노 463m)까지는

26번 도로와 199번 도로의 분기점 그리고 한적하기 이를 데 없는 199번 도로

꾸준한 오르막이었지만, 그곳에서 9번 도로와 만나면서 내리막으로 바뀌고, 50km 지점에서는 꿈에 그리던 태평양과 만났다. 이렇게 오늘의 전반 코스는 숲속 오르막을 올라야 했고, 나머지 구간은 태평양의 맞바람을 견뎌야 했다. 해안 도로에 방호벽이나 가드레일이 있으면 그나마 바람을 일부 막아 주기도 했지만, 탁 트인 구간에서는 온몸으로 바람을 상대해야 했다. 애초 묵으려고 했던 따우(大務)에 오후 1시경에 도착했다. 오후 1시는 여장을 풀기에 너무 이른 시간이었다. 잠시 고민한 끝에 타이둥까지 계속 가기로 했다. 이렇게 거의 11시간을 라이딩한 끝에 타이둥의 호스텔에 도착했다. 이 숙소는 실내에 자전거 반입을 허락하지 않았다. 지금껏 자전거 여행을 하면서 한 번도 실외에 자전거를 둔 적이 없다고 호스텔 측에 강력하게 이야기했고, 결국 필자의 주장이 받아들여져서 건물 뒤편의 한적한 장소에 보관하는 것으로 타협을 보았다.

• 따우(大務) 숙소

숙소명	전화	인터넷 주소
샹우민쑤尚武民宿 (1)	+886 919 142 775	www.sunwu.ittbnb.com
진리뤼셔金利旅社 (2)	+886 8 979 1007	
화위엔따뤼셔華園大旅社 (3)	+886 8 979 1006	www.wayu.ttbnb.com
샨푸타오이짠山葡萄驛棧 (4)	+886 978 315 009	

＊예정보다 따우에 일찍 도착해서 그곳에서 숙박하지 않고 타이둥까지 갔지만, 따우 숙박에 대비해서 미리 조사해 놓은 따우의 숙박업소 리스트이다.

샹우민쑤(尚武民宿)

샹우(尚武) 지역의 지도로, 노란색 별표 위치에 숙박업소가 있다.

태평양 연안의 9번 도로는 갓길이 넓어서 마음 편하게 자전거를 탈 수 있다.

• 타이둥 숙소

숙소명	아고다 평점	숙박료
Sheraton Taitung Hotel	8.6	128,283원
Sinsu Hotel – Zhongshan Branch	8.0	53,089원
Hopemonkey Hostel	9.1	19,319원
Romeo B&B	8.5	16,823원
RGB Hostel	8	14,315원

＊타이둥에는 숙박업소가 많이 있으며, 가격대도 다양하다. 평점과 숙박료는 수시로 변경된다.

화둥해안도로 대신에 화둥종곡을 선택했다 -4일 차

- 이동: 타이둥 → 루이쑤이
- 거리: 111km
- 누적 거리: 410km

■ 이용 도로

> 타이둥 → 9번 도로 → 루이쑤이

필자는 바닷가 라이딩을 좋아해서 타이완에서도 동해안을 따라서 북 상하려고 계획했다. 그런데 타이완 현지인들은 한결같이 협곡 루트East Rift Valley인 9번 도로를 추천했다. 도로 주변에 농경지가 펼쳐져서 조용하며 한적하다는 것이다. 이런 정도의 이유로 태평양 코스 대신에 농촌 도로를 택할 수는 없지만, 타이완 자전거 여행 전문가인 타이중(臺中) 워샤워 호 스트의 설명에 일리가 있었다. 그는 타이완 자전거 여행의 백미인 타이둥 (臺東)에서 이란(宜蘭)까지 310km를 해안도로만 타고 가면 조금 지루할 수 있으니, 타이둥-화롄(180km)과 화롄-이란(130km)을 나누어 갈 것을 제안했다. 도로가 하나뿐이라서 선택의 여지가 없는 화롄-이란 구간은 해안 도로로 가고, 타이둥-화롄 구간은 내륙 코스인 9번 도로로 가면 덜 지루하고 통행 차량이 많지 않아서 안전할 것이라는 논리였다. 다만 타이 둥에서 화롄까지만 자전거 여행을 한다면 화둥해안(花東海岸)의 11번 도 로로 갈지, 아니면 화둥종곡(花東縱谷)의 9번 도로로 갈지는 여행자의 취 향에 달려 있다는 것이다. 결국, 화둥해안(花東海岸) 대신 화둥종곡(花東縱

파란색은 화동종곡, 빨간색은 화동해안 도로이다.

谷)를 택했다.

화동해안(花東海岸, 동부해안국가풍경구)

타이둥에서 화렌까지의 바 닷가에는 갖가지 모양의 기 암괴석들과 깎아지른 듯한 벼랑 그리고 원주민 마을에 는 귀중한 문화유적들이 있 고, 해안에서 멀리 떨어진 공해상에는 산과 바다, 올 망졸망한 섬들이 한데 어우 러진 한 폭의 그림 같은 뤼

싼시엔타이(三仙台)

다오(綠島)가 있다. 관광객들은 웅장한 해양 경관과 아름다운 해변으로 유명한 스띠핑(石梯坪)과 샤오이에리유(小野柳), 선사시대의 유적지 빠시엔똥(八仙洞), 큰 해교(海橋)로 이어진 싼시엔타이(三仙台), 아메이주(阿美族) 민속센터, 산위엔(杉原) 해수욕장, 해저 온천지를 구경할 수 있다.

출처: 타이완 관광청

화둥종곡(花東縱谷)

화둥종곡은 중앙산맥과 해안산맥 사이에 길게 종으로 놓인 계곡이다. 이곳은 두 지각판이 만나는 지점으로 지리학상으로 볼 때 보기 드문 종곡평원 구조로 되어 있다. 이 지역은 구불구불 이어진 계곡을 따라서 전형적인 농촌 마을이 자리 잡고 있고, 양측 산악지대에는 폭포와 삼림, 온천 그리고 기타 관광명소가 잘 발달하여 있다. 이곳에서는 원주민 마을들과 라오셔취(老社區)와

타이둥에서 루이쑤이로 가는 9번 협곡 도로와 그 주변 풍경이다.

같은 문화유적, 인류학상 귀중한 유품이 출토된 문화유적지 등을 관광할 수 있다. 이곳은 계절 농업이 발달해서 늦겨울에는 황금빛으로 물든 유채꽃밭을, 늦여름에는 금침화(金針花)를 볼 수 있다.

출처: 타이완 관광청

타이완의 호스텔에 머물다 보니 타이완을 여행하는 일본의 많은 젊은 이를 만날 수 있었다. 이들은 필자의 차림새를 보고 단번에 자전거 여행자인 것을 알아차리고는, 타이완 섬 일주에 대한 높은 관심을 표했다. 그래서 그들이 궁금해하는 내용을 열심히 설명하지만, 필자의 영어 표현능력이 부족한지 아니면 그들의 영어 실력이 좋지 않은지, 우리의 대화는 언저리 수준에서 맴돌 뿐, 조금 더 깊게 들어가지 못했다. 필자는 지금도 영어회화 수업을 듣고 있지만, 우리나라의 젊은이와 마찬가지로 일본이나 타이완의 청년들도 영어 실력이 부족했다. 타이완에서도 취업할 때 영어의 비중이 크다고 하는데, 영어 공포증은 동아시아 젊은이들의 숙명이 아닐까 싶다.

　어제 입실하려다 바로 퇴실한 독일 여행자가 있었는데, 그는 유럽인치고는 참으로 유별난 친구였다. 크지도 않은 호스텔이 떠나가도록 로비에서 목청을 높여서 대화하더니, 도미토리 객실에서도 안하무인으로 떠들어 댔다. 그의 목소리가 너무 커서 필자는 아예 노트북을 들고 아래층 로비로 내려왔는데, 그는 결국 체크인하지 않고 퇴실해 버렸다. 서양 사람들의 행태를 관찰하면 미국인들은 상대방의 이야기에 추임새 넣는데 일가견이 있고, 유럽 사람들은 조용하지만 자기 잘난 멋에 사는 듯했다.

　타이둥 근처는 과일 스지아(釋迦)의 산지였다. 스지아는 부처님 머리 모양과 너무 비슷해서 사진을 찍으려고 하니, 인심 좋은 과일 가게 여주인은 스지아 하나를 필자에게 선물로 주었다. 타이둥에서 화롄 가는 9번 도로는 은근한 오르막이었다. 해발고도 10여 m에서 시작된 길이 어느새 고도 400여 m까지 올라갔다. 이런 오르막길을 동네 할아버지가 느릿느릿 자전거 타고 있어서 열심히 따라갔지만, 할아버지는 매일 자전거를 타

불상 모양의 스지아(釋迦)　　　　　　북반구의 열대와 온대를 구분하는 북회귀선

는 듯 그와의 간격이 줄어들기는커녕, 더욱 벌어졌다. 해안도로를 타지

않고, 내륙 협곡 루트를 이용해서 북상한 것은 현명한 결정이었다. 타이

완 정부에서 왜 해안도로가 아닌, 내륙 9번 도로를 '타이완 환도 1호 루

트'로 정했는지 이해가 되었다. 이 루트에서의 라이딩은 힐링, 그 자체였

다. 선선하게 불어오는 바람을 가슴에 안고, 주변의 푸른색을 가슴에 담

으니 기분이 상쾌해졌다.

　　루이쑤이 온천호텔이 오늘의 숙박지다. 이 온천은 1899년 일본 정부에

의해 만들어졌고 훌륭한 수질과 광물질이 풍부하다는 안내문이 걸려 있

었다. 투숙객은 온천을 무료로 이용할 수 있다니 뜻밖의 선물이었다.

1919년에 지어진 일본식 숙소는 방바닥에 다다미가 놓여 있었고, 4명이

잘 수 있는 큰 방에 혼자 묵는 행운도 누렸다.

루이쑤이 온천호텔의 다다미방과 노천탕이다.

• 루이쑤이 숙소

숙소명	아고다 평점	숙박료
Yuan Hsiang Hot Spring Resort	8.2	68,704원
Yang Homestay	7.2	58,758원
Black Forest	9.0	42,436원
Heye Homestay	9.3	40,598원
193 Lucky BnB	8.4	36,561원

＊루이쑤이에는 숙박업소가 많지 않으나, 여러 호텔예약 사이트를 검색하면 자신에
게 맞는 가격대의 숙소를 찾을 수 있다. 평점과 숙박료는 수시로 변경된다.

괴나리봇짐 하나만 맨 자전거 여행자 –5일 차

- 이동: 루이쑤이 → 화롄
- 거리: 70km
- 누적 거리: 480km

■ 이용 도로

<blockquote>루이쑤이 → 9번 도로 → 화롄</blockquote>

루이쑤이 온천호텔은 가성비가 좋았다. 노천탕에서 목욕했고, 4인실을 혼자서 사용했고, 아침 뷔페 식사도 입맛에 맞았다. 이렇게 운이 좋은 데다가 뒤바람까지 불어주니 작고 소소한 즐거움이 큰 기쁨이 되어서 아침부터 필자를 활기차게 만들었다.

십수 년 전에 한국을 방문했던 독일의 자전거 전문가가 지적한 것이 떠올랐다. 자전거를 타고 가다가 멈추게 되면, 자동차를 운전할 때처럼 기어를 저단으로 변속해서 출발해야 하는데, 한국인들은 저단 기어로 바꾸지 않고 고단 기어가 물려 있는 상태에서 다시 페달을 밟는다는 것이다. 필자가 바로 그런 식인데, 설 때마다 매번 기어 조작하는 것이 귀찮기 때문이다. 그러다 보니 출발할 때 댄싱을 하든지 아니면 페달에 무리한 힘을 주게 된다. 이런 필자와 달리 일본인 테루오는 출발할 때마다 정석대로 기어를 저단으로 변속했다. 그는 오늘도 필자에게 앞장서 달라고 부탁하면서 필자의 등에 바싹 달라붙었다. 그런 그가 밉지는 않았지만, 경우에 따라서 위험할 수도 있어 여간 신경이 쓰이는 게 아니었다. 특히 갑자기 나타난 멋진 풍경을 사진 찍으려면 예고 없이 자전거를 멈추어야 하는데, 그럴 때 위험할 수 있어서 사진 찍는 것을 자제할 수밖에 없었다.

작은 배낭 하나만 짊어지고 사이클을 타는 테루오와 동반 라이딩을 하다 보니 예정보다 일찍 화롄에 도착했다. 그와 화롄역에서 작별 인사를 나눴다. 처음 만났을 때부터 지금까지 비슷하면서도 다른 일정 때문에 만났다가 헤어지기를 반복했지만, 오늘 이후로는 그를 다시 만나지 못한다. 그는 화롄에서 하루 만에 이란으로 가고, 필자는 타이루거(太魯閣) 협곡에 들렀다가 이틀 후에 이란으로 가기 때문이다.

우리나라 젊은이들도 동남아시아로 여행 갔다가, 아예 그곳에 눌러앉아 게스트하우스를 운영하는 사례가 있다. 오늘 숙소는 서양 젊은이 몇 명이 공동으로 운영하는 게스트하우스다. 이곳 역시 실내에 자전거를 들여놓을 공간이 없었지만, 어떻게든 찾아보려고 노력하는 게 타이둥의 호스텔과 달랐다.

루이쑤이 온천호텔에서의 푸짐한 아침 식사다. 하지만 자전거 여행자는 에너지 소모가 많아서 이 정도의 양(量)도 부족해서 한 번 더 가져다 먹었다.

도로 확장 공사 중이니 조만간 9번 도로가 많이 넓어질 것이다.

• 화롄 숙소

숙소명	아고다 평점	숙박료
Ravello B&B	9.5	115,088원
Hotelday Plus Hualien	8.7	49,566원
Coolguy Apartment	9.5	16,518원
Cozy House Hostel	9.2	13,277원
Bayhouse Comforted Hualien Hostel	9.3	12,448원
Big Bear Hostel	8.2	9,057원

＊화롄에는 많은 숙박업체가 있으며, 가격대도 다양하다. 평점과 숙박료는 수시로 변경된다.

칭수이단애와 타이루거 협곡을 둘러보고 –6일 차

• 이동: 화롄 → 타이루거 → 칭수이단애 → 화롄

• 거리: 110km [칭수이단애清水斷崖 왕복 70km + 타이루거太魯閣

  왕복 40km]

• 누적 거리: 590km

■ 이용 도로

> 화롄 → 9번 도로 → 타이루거 → 칭수이단애 → 9번 도로 → 화롄

┤ 타이루거(太魯閣) 협곡 ├

타이루거 국가공원은 타이완에 오는 관광객이라면 반드시 가볼 만한 관광명소이다. 세계 최고 권위의 여행 정보 안내서인 '미슐랭 그린 가이드'에서 별

3개를 받았다. 타이루거는
수백만 년 동안 진행된 조산
운동과 하천 바닥 세굴 현상
으로 인해 협곡은 더욱 깎아
지른 듯하여 마치 대리석을
칼로 자른 듯한 절개 면이
드러난다. 계곡물은 더욱 급

류가 되어 몰아치고, 보는 사람들은 그 절묘함에 감탄을 금치 못한다. 이 국
가공원은 90% 이상이 산지로 되어 있으며, 타이완의 높은 산봉우리 중 27
개가 이곳에 집중되어 있다. 타이완의 다른 산악형 국가공원과 비교하면 타
이루거는 접근성이 좋다.

출처: 타이완 관광청

칭수이단애는 타이완 동부 연안의 절경이며, 타이완 8대 절경 중의 하나다. 칭수이단애의 높이가 1,000여 m이고, 90도에 가까운 경사이다. 한쪽은 절벽, 다른 쪽은 망망대해의 험준한 형세로, 보는 사람들의 감탄을 자아낸다.

출처: 타이완 관광청

화롄에서 9번 도로를 타고 가다 보면 20여 km 지점에서 타이루거 협곡으로 들어가는 8번 도로와 만난다. 필자는 시간이 부족해서 타이루거 협곡을 왕복 20여 km 정도만 둘러봤지만, 만약에 시간 여유가 있다면 톈샹휴게소(天祥遊憩區)까지 왕복 40km를 갔다가 와도 좋을 듯하다. 필자는 타이루거 협곡의 몇 군데를 구경하고 칭수이단애로 향했다. 미국 태평양 풍경이 광대한 느낌이라면, 타이완의 동해안 풍경은 아기자기했다. 환호성이 터져 나오는 절경이 일정 장소에 몰려 있었다. 많은 트럭이 다니는 좁은 도로에서 가다 서기를 반복하며 사진을 찍느라고 정신이 없었다.

수(隧)는 터널, 즉 굴(窟)의 의미이다.

이제 칭수이단애에서 컨딩 → 타이루거 6일 차 여행을 마무리하고 화렌으로 다시 돌아가면 된다.

┤ 화렌(和蓮) – 이란(宜蘭) 구간 정보 ├

화렌에서 출발해서 20km를 가면 타이루거 협곡으로 들어가는 8번 도로와 만난다. 이곳에서 계속 9번 도로를 타고 15km 더 가면 칭수이단애(清水斷崖)가 나타난다. 이곳 풍경은 마치 미국 태평양 연안의 풍경을 보는 것 같지만, 이런 절경은 더는 계속되지 않는다. 이곳부터는 좁고 긴 오르막에 수많은 화물차와 컨테이너 차량, 석회석 분진으로 가득 찬 대여섯 개의 터널이 기다리고 있다. 타이완 정부가 이 도로를 타이완 환도 루트로 정했으니, 차량 운전자들이 자전거 여행자를 보호하지 않겠느냐는 생각은 오로지 라이니의 바람일 뿐이다. 타이완 자전거 일주가 죽기 전에 꼭 해야 할 버킷 리스트의 하나라면 모를까 굳이 엄청난 매연을 마시고, 혹시 모를 사고 위험까지 감수하면서 이 구간을 자전거로 갈 필요가 없지 않을까 하는 생각이 들었다.

화렌(和蓮) → 칭수이(淸水): 터널이 계속 이어지며, 타이완 동해안의 멋진 풍경을 즐길 수 있다.

칭수이(淸水) → 허런(和仁): 터널이 연속되며, 높은 위치에서 태평양을 내려다보는 풍경이 압권이다.

허런(和仁) → 허핑(和平): 도로에 시멘트 분진이 흩어져 있고, 물을 뿌려 놓았다. 터널 안은 뿌연 먼지로 가득하다.

허핑(和平) → 난아오(南澳): 터널은 한 곳뿐이지만, 지나다니는 트럭과 차량이 많다.

난아오(南澳) → 난팡아오(南方澳): 터널은 한 곳이다. 컨테이너 차량과 트럭이 많이 다닌다. 고도 500m까지 올라갔다가 내리막으로 이어진다.

• 화렌 → 타이베이 기차 시간표

화렌 출발	타이베이 도착	요 금	비 고
14:50	17:42	NT$ 440 (약 17,000원)	자전거 적재 가능 열차
16:40	19:21		
17:00	19:26		
21:10	00:05		

타이베이에서 자전거 포장박스 구하기

필자는 타이베이 웜샤워 회원이 운영하는 자전거 가게에서 포장박스를 얻었지만, 자전거의 천국 타이완의 수도 타이베이에는 자전거 가게가 많아서 자전거 박스를 쉽게 구할 수 있다. 타오위안 공항 2 터미널에 자전거 포장업체가 입점해 있다.

타이베이에서 자전거 가게를 운영하는 웜샤워 회원이다.

*본 콘텐츠는 2017년 3월 기준으로 작성되었습니다. 현지 사정에 의해 정보가 달라질 수 있습니다.

필리핀 자전거 여행

■ 왜 필리핀인가?

에메랄드빛 아름다운 바다와 점점이 흩어져 있는 작은 섬들, 파란 하늘을 향해서 우뚝 서 있는 열대 나무들, 7,000여 개의 섬으로 이루어진 필리핀은 자연이 선사하는 아름다움과 함께 유난히 풍류를 즐기는 심성이 착한 사람들이 사는 나라이다. 이렇듯 천혜의 절경을 자랑하는 필리핀의 해변을 따라 즐기는 자전거 여행은 긴 겨울과 추위로부터 새봄을 기다리는 라이더들에게 멋진 추억을 선사할 것이다.

■ 필리핀

필리핀은 북부에 있는 루손섬과 남부에 있는 민다나오섬을 포함하여 공식적으로 7,107개의 섬이 있다. 이 중 이름을 갖지 못한 섬도 많이 있지만, 아름다운 바다가 매력적인 나라이다.

인구는 1억 260만 명이며, 공식 언어는 타갈로그어를 기초로 한 필리핀어와 영어를 사용한다. 세계에서 국민의 영어 사용률이 미국, 영국 다음으로 높고, 영어 어학원이 많아서 우리나라 학생들이 영어학습을 위해서 많이 찾는 곳이기도 하다. 인구의 4/5 이상이 로마 가톨릭을 믿으며, 이슬람교도들도 상당히 있다. 인구의 1/3이 15세 미만으로 젊은 국가라고 할 수 있다.

필리핀은 고온 다습한 아열대성 기후로 11월~5월은 건기, 6월~10월은 우기이다. 12월~2월은 평균 기온이 22도~28도이지만, 5월부터는 낮 기온이 40도까지 올라간다.

■ 필리핀은 여행하기 안전한가?

필리핀은 여행하기 위험한 나라가 아닌가? MRT를 탈 때나 쇼핑몰에 들어갈 때 길게 줄을 서서 가방 검색을 받아야 하고, 은행이라든지 조금 큰 건물 앞에는 예외 없이 커다란 사제 총을 들고 있는 경비를 쉽게 볼 수 있는데, 이런 나라를 여행해도 될까?

필자도 처음 필리핀에 간다고 했을 때 주변에서 많이 말렸고, 필자 자신도 적지 않게 갈등했다. 그런데 어느새 모두 다섯 차례, 3개월 가까이 필리핀을 다녀왔다. 길지 않은 필리핀 체류 경험이지만, 필자의 결론은 '필리핀은 다른 어떤 나라보다 안전하고 친절한 나라'이다. 물론 지금도 총성이 그치지 않는 민다나오섬 일부와 몇몇 도시에 우범지역이 있기는 하다. 간혹 현지에 거주하는 한인이 피해를 보는 사고가 발생하기도 하지만, 관광객이 그런 피해를 볼 가능성은 작을 것이다. 다만 필리핀에서는 필리핀 사람들의 자존심을 건드리지 말아야 한다. 그들은 자존심이 무척 강해서 노골적으로 경계심을 드러내거나, 자신을 깔보고 무시하는 태도를 보이면 적대적 행동을 취할 가능성이 있다. 천성이 착하고 선한 필리핀 사람을 마음으로 존중한다면 결코 우려하는 불상사는 일어나지 않을 것이다. 이렇듯 일부 지역이 위험하다는 이유로 여행을 포기하기에 필리핀은 너무 매력적인 나라이다.

철저하게 한가로운 자연, 놀랍도록 세련된 도시, 상반된 분위기에서 보낸 며칠의 기억은 편안함이었다. 우리가 힐링이라고 부르는 그것, 몸도 마음도 구속됨 없이 자유로웠다. 꾸미지 않은 로컬들의 미소는 친근했다. 세포처럼 담고 있던 스트레스의 편린들이 스르르 지워졌다.

안다. 최근 여행지로서 필리핀이라는 세 음절이 주는 망설임을. 이 나라에 관한 부정적인 소식이 많다는 것도. 그에 따른 설왕설래도 다 있다. 하지만 지금까지 몇 번을 경험한 필리핀 여행은 오히려 즐거웠다. 분명히 예민하게 신경 써야 할 것은 있었지만, 그것은 어떤 여행지로 향하든 으레 해야 하는 조심이었다. 평균을 기준으로 논하자면 영어도 잘 통하고, 미소로 다가가고 예의 바르게 목례하면 환하게 웃어 주던 사람들. 내게 필리핀 여행은 이곳에서 생산되는 풍성한 과일의 당도만큼 달콤했던 경우가 대부분이었다. 이 때문에 떠나기에 앞서 걱정은 없었다.

출처: 뚜르드몽드

Chapter 3.

세부(1) → 보홀 투비곤(1) → 보홀 로이(1) → 세부(1) [4박 5일]

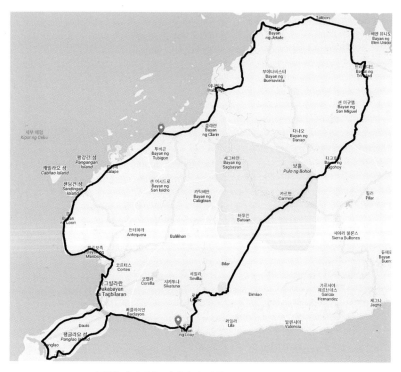

파란색 아이콘은 필자가 숙박한 도시 또는 마을이다.

■ 코스 특징

보홀섬의 해안가 도로는 높낮이가 거의 없다. 북부 탈리본_{Talibon}에서 남부
의 로이_{Loay}까지 보홀섬을 남북으로 잇는 전장 87km 로이 인테리어 로드

Loay Interior Road는 서서히 고도를 높이다가 카르멘Carmen를 지나서는 최고 고도 330m까지 올라간다. 이후 로이까지 계속 내리막이 이어진다.

세부는 북부의 루손섬과 남부의 민다나오섬 사이의 비사야제도의 한 섬이다. 이 도시는 스페인 사람들이 필리핀에서 처음 거주하기 시작한 지역으로, 필리핀에서 가장 많은 문화유산과 명소를 가지고 있다. 과거와 현대 문화가 공존하는 세부의 대표적 유적으로 마젤란 크로스Magellan's Cross 등 몇 가지를 들 수 있다.

마젤란 크로스는 포르투갈 탐험가 페르디난드 마젤란 Ferdinand Magellan이 기독교를 알리기 위해 나무 십자가를 심은 장소다. 바실리카 델 산토 니뇨Basilica del Santo Nino는 1521년에 만들어진 아기 예수 조각상이

있는 필리핀에서 가장 오래된 종교 유물이며 세부의 마스코트이다. 그 외에 포트 산 페드로Fort San Pedro, 까사 카사 고롤도Casa Gorordo, 야프 샌디에이

고_{Yap–San Diego} 등을 통해 세부의 역사를 알 수 있으며 콜론 거리_{Colon Street}
는 필리핀에서 가장 오래된 길거리이다.

• 인천 → 세부, 보홀(탁빌라란) 항공편

항공사	편명	운항구간	출발시간	도착시간	운항날짜
대한항공 www.koreanair.co.kr	KE631	인천→세부	20:05	00:05	매일
	KE632	세부→인천	01:35	07:00	매일
아시아나항공 www.flyasiana.com	OZ709	인천→세부	20:20	23:50	매일
	OZ710	세부→인천	00:50	06:20	매일
필리핀항공 www.philippineair. co.kr	PR1483	인천→탁빌라란	02:45	06:15	매일
	PR489	인천→세부	21:45	01:10	매주 수, 목, 토, 일
	PR1482	탁빌라란→인천	17:05	23:00	매일
	PR488	세부→인천	15:15	20:30	매주 수, 목, 토, 일
세부퍼시픽 www.cebupacificair. co.kr	5J083	인천→세부	22:15	01:50	매일
	5J082	세부→인천	15:55	21:15	매일
에어아시아 www.airasia.com	Z2047	인천→세부	01:15	04:55	매일
	Z2048	세부→인천	18:45	00:15	매일
제주에어 www.jejuair.net	7C2405	인천→세부	22:00	01:30	매일
	7C2406	세부→인천	02:30	08:00	매일
진에어 www.jinair.com	LJ021	인천→세부	20:50	00:20	매주 수, 목, 토, 일
	LJ022	세부→인천	01:20	06:50	매주 월, 목, 금, 일

＊직항 스케줄은 변경될 수 있으며, 정확한 스케줄은 각 항공사 홈페이지를 참조하기
바란다.

열린 마음을 가진 호텔 여직원 -1일 차

- 이동: 서울 → 세부 막탄 → 세부 시티
- 거리: 34km
- 누적 거리: 34km

■ 이용 도로

> 막탄공항 → 라푸라푸 에어포트 로드 → 마르셀로 페르낭 브릿지
> → UN 애비뉴 → 세부 시티

보홀섬 자전거 여행은 막탄섬 일주로부터 시작했다. 10여 년 전에 와
본 적이 있지만, 그 사이에 막탄섬에도 많은 변화가 있었다. 그때는 우리
나라의 60년대 농촌처럼 온 동네에 닭 우는소리가 가득했고, 할 일 없는
사람들이 웃통을 벗고 곧 부서질 것 같은 허름한 목조주택의 난간에 걸터
앉아 초점 없는 눈동자로 담배만 피우고 있었다. 그런 중에도 어린아이들

필리핀 서민들의 발 역할을 하는 지프니와 막탄섬 바닷가의 모습이다.

은 천진난만한 눈동자로 낮선 방문객에게 고사리 같은 손을 흔들며 환영 인사를 했다. 비라 도 오면 사방에 물웅덩이가 널 려 있던 흙길도 지금은 콘크리 트나 아스팔트로 말끔히 포장되 어 있었고, 군데군데 현대적 건 물이 들어서 있는 모습이, 예전

필리핀의 팥빙수인 할로 할로는 무척 달고 맛있다.

의 막탄섬이 아니었다. 온갖 모양과 색깔로 울긋불긋 치장한 지프니가 끊 임없이 다니는, 동남아시아의 여느 도시와 다를 바가 없었다.

샹그릴라 막탄 리조트 근처의 음식점에서 소시지 밥을 주문했다. 소시 지 밥은 간장으로 간을 맞춘 쌀밥에 계란 프라이와 소시지가 곁들어 나왔 다. 성격 좋게 생긴 주인아저씨가 레몬을 살짝 뿌려서 먹으라고 알려 주 었다. 레몬은 베트남 쌀국수와 궁합이 맞지만, 쌀밥에도 레몬즙을 뿌리니 독특한 맛이 났다. 식후에 맛보는 필리핀의 팥빙수인 할로 할로Halo Halo 또한 별미였다. 할로 할로는 타갈로그어로 '섞는다'라는 뜻으로, 고구마 식감의 우베 잼Ube Jam에 간 얼음과 딸기, 체리 등 열대 과일을 넣어서 만 든다.

오늘 묵을 호텔은 이번 여행의 동반자인 친구와 둘이서 묵기에 객실이 조금 비좁지만, 실내가 깨끗하고 쾌적했다. 건물 외벽 난간에 자물쇠로 자전거를 묶어 놓고, 필자만 방에서 잘 수 없다는 생각이 들어서 호텔 여 직원을 설득했다. "내 자전거는 나와는 떨어질 수 없는 반려자와 같은 존 재다. 어떻게 나만 방 안에서 잘 수 있겠냐?" 진지한 표정으로 요구 사항

을 전하니, 데스크 여직원의 얼굴에 희미한 웃음이 올라오며 로비에 있는 짐 보관실storage room에 보관하라고 양보했다.

숙소 인근 아얄라 몰Ayala Mall 내의 음식점 메뉴에 '레촌Lechon'이 있었다. '레촌'은 새끼 돼지를 코코넛 열매 기름을 발라가며 숯불에 굽는 필리핀의 전통 잔치 음식이다. 지금까지 몇 번 필리핀에 왔지만, 아직 제대로 된 '레촌'을 먹어 보지 못해서 이번에는 큰 기대를 했건만, 필자의 바람과는 달리 소스에 절인 돼지고기 조림이 나왔다. 껍질은 분명히 '레촌'의 모습을 하고 있었지만, 정통 '레촌'은 아니었다. 이번에도 비슷한 음식을 먹어봤다는 것으로 만족해야 했다.

세부 시내를 관통해서 카르본 시장Carbon Public Market으로 갔다. 전통시장인 이곳은 열대 과일과 채소를 주로 판매하고 있었다. 자전거 여행을 하면서 먹음직한 망고와 파인애플 등을 보면 얼른 사고 싶지만, 휴대용 작은 칼로 껍질을 벗기기가 힘들어서 쉽게 살 수가 없었다. 오늘은 종업인에게 손질을 부탁했더니 그의 손놀림이 가히 예술이었다. 먼저 파인애

세부의 재래시장인 카르본 시장Caron Market과 바닷가의 모습이다.

플의 위와 아래를 싹둑 잘라 내고, 절단면 둘레에 링 모양으로 칼집을 냈다. 그런 다음에 칼집 틈에 칼을 집어넣고, 파인애플을 돌리면서 몸통과 껍질을 분리했다. 그의 현란한 칼 놀림에 파인애플의 껍질과 몸통이 둘로 분리되었다.

• 세부 숙소

숙소명	아고다 평점	숙박료
Quest Hotel & Conference Center – Cebu	8.5	74,879원
Mandarin Plaza Hotel	8.2	61,273원
Bugoy Bikers B&B	8.4	15,914원
Shejoje Poshtel Hostel	10.0	14,815원

＊세부에는 숙박업소가 많이 있으며, 가격대도 다양하다. 평점과 숙박료는 수시로 변경된다.

초콜릿 힐스와 안경원숭이를 만나러 -2일 차

- 이동: 세부 시티 → [보홀] → 탁빌라란 → 투비곤
- 거리: 74km
- 누적 거리: 108km

■ 이용 도로

> 세부시티 → [보홀] → 탁빌라란 노스 로드 →
> 보홀 서컴프렌셜 로드 → 투비곤

┤ 세부 → 보홀 운항 선박사 ├

세부섬의 부두와 보홀섬 탁빌라란 부두를 연결하는 페리는 오션 제트Ocean Jet, 위섬 익스프레스Weesam Express, 수퍼캣Supercat이 있다. 그중에 오션 제트의 운항 편수가 가장 많으며 안정적이다. 선박회사에 따라 선착장이 다르니 주의해야 한다. 세부섬의 오션 제트 선착장은 피어Pier 1이며, 위섬 익스프레스와 수퍼캣은 피어Pier 4이다.

• 오션 제트 Ocean Jet 운항 시간표 (www.oceanjet.net)

세부 → 보홀 (Cebu → Tagbilan)		보홀 → 세부(Tagbilan → Cebu)	
06:00 AM	01:00 PM	06:00 AM	01:00 PM
07:00 AM	02:00 PM	07:05 AM	02:00 PM
08:00 AM	03:20 PM	08:20 AM	03:20 PM
08:20 AM	04:20 PM	09:20 AM	04:20 PM
09:20 AM	05:40 PM	10:30 AM	05:40 PM
10:40 AM	06:40 PM	11:40 AM	06:00 PM
11:40 AM			06:30 PM

＊운항 일정은 변동될 수 있으며, 각 회사 홈페이지와 선박 스케줄 사이트에서 확인하면 된다.

세부의 오션젯 선착장인 피어Pier 1에서 보홀행 여객선은 오전 6시에 출항한다. 아침 6시 배를 타려고 부지런히 호텔을 나오니 비가 오고 있었다. 곧 그칠 거라는 희망을 품고 자전거 페달을 밟기 시작했지만, 그런 바람과는 달리 오히려 빗방울이 굵어져서 길가의 처마 밑으로 피신했다. 아직 시간 여유가 있어서 아침 식사하려고 음식점에 들어가니 서글서글하게 생긴 시골 아낙네가 우리를 반겼다. 유창한 영어는 아니더라도 짤막한 단어를 연결하니 서로의 할 말과 감정을 나누기에 부족함이 없었다. 이런 저런 이야기를 나누다 보니 더는 지체할 수 없었다.

내리는 비를 맞으며 출항 시각 20분 전에 대기 승객이 가득한 여객선 터미널에 도착했다. 우리나라처럼 티켓만 끊으면 곧바로 배에 탑승할 수 있는 게 아니었다. 탑승 절차를 몰라서 허둥대니 우리를 돕겠다고 안내 직원이 달려왔다. 그의 설명을 들으니 여러 가지 절차를 밟아야 하는데, 과연 20분 안에 끝낼 수 있을지 판단할 수 없었다. 티켓 판매소 여직원은 필자를 빤히 쳐다보며 필자의 결정을 기다렸다. 동반자와 상의한 끝에 우리는 여유로움을 택했다. 아침 8시에 떠나는 배를 타기로 했다.

결과적으로 이 결정은 현명했다. 대기 중인 탑승객이 많았고, 탑승 절차가 생각보다 복잡했기 때문이다. 먼저 외부에 설치된 티켓 판매소에서 티켓을 사고, 피어Pier 1 터미널 안에 들어가야 했다.

터미널 내로 들어와서는 줄을 서서 터미널 요금을 내고 자전거와 패니어를 검색대로 보내서 위험물이 들어 있는지 검사받아야 했다. 이어서 수화물 요금 창구로 가서 수화물 요금을 지급하고, 옆 창구로 가서 자전거 탁송료를 따로 내야 했다. 한 번에 끝낼 수 있는 절차를 여러 단계로 나눠서 복잡하게 만들어 놓은 것은 더 많은 직원을 고용하려는 정책이 아닐까 하는 생각이 들었다.

절차가 복잡해서 조금 불편할 뿐이지, 모든 직원이 친절하니 이들의 서비스에 만족할 수 있었다. 수속을 끝내고 나니, 첫 배의 출항 시각으로부터 20분이 지난 오전 6시 20분이었다.

오션 제트 편도요금: 718페소 (약 17,000원)

[여객운임 500P, 터미널 요금 25P, 수화물 요금 25P, 자전거 탁송료 168P]

보홀

보홀섬의 명물은 두 가지이다. 하나는 초콜릿 힐스 Chocolate Hills라고 불리는 언덕이고 다른 하나는 세상에서 가장 작은 안경원숭이 Tarsier이다. 초콜릿 힐스란 마치 '키세스 초콜릿'을 엎어놓은 듯한 수많은 언덕이 펼쳐진 지역을 말한다. 크기와 모양이 비슷한 1,268개의 언덕이 오랜 기간 융기와 부식을 반복하며 다듬어진 것으로, 우기인 6월부

터 11월까지는 갈색으로 변했다가 그 외 기간에는 잔디를 깔아 놓은 듯한 녹색으로 변신한다. 또 다른 명물, 안경원숭이는 보홀섬에서만 사는 동물로 섬을 상징하는 동물이라고 할 수 있다. 크기는 손바닥에 올려놓아도 남을 정도로 작은데, 몸집에 어울리지 않게 커다란 눈을 가지고 있어서 외모가 상당히 귀엽다. 안경원숭이는 평소에는 거의 몸을 움직이지 않고 눈동자를 180도 돌리거나, 머리를 360도 회전하는 것이 특기다.

출처: 네이버 지식백과

두 시간의 항해 끝에 보홀섬에 도착했다. 초콜릿 힐스Chocolate Hills와 안경 원숭이Tarsier로 유명한 보홀의 첫인상은 '좁다'였다. 좁은 도로에 트라이시클Tricycle이 정신없이 다녔다. 그렇지만 많은 차량이 다녀도 차량의 흐름을 유지하고 속도가 빠르지 않으니, 접촉사고가 난다고 해도 크게 다치지 않을 것 같았다. 여객선 터미널이 있는 탁빌라란에서 점점 멀어지니 차량의 숫자가 현저히 줄어들었다. 혼자서 자전거 여행을 다니다가, 친구가 이번 여행의 동반자로 따라와서 필자의 중얼거림에도 한국말로 맞장구를 쳐주니 라이딩이 즐거웠다.

시간이 정오(正午)를 향해 달려가면서 필리핀 기온과 날씨에 적응하지 못한 온 몸이 괴로워했다. 다행히 음료 가게에서 생딸기 주스를 마시니 온몸에 갇혀있던 열기가 내려가는 듯했다.

탁빌라란Tagbilan을 출발한 지 5시간 만에 투비곤Tubigon에 도착했다. 두 군데 괜찮아 보이는 숙박업소에 들렀지만, 빈방이 없다는 말을 듣고 적잖이 실망했다. 하루의 라이딩이 끝나면 얼른 샤워하고 쉬고 싶은데, 아직 잘 곳을 찾지 못했으니 조금 초조한 마음이 들었다. 그러다가 허름하기 짝이 없는 펜션 하우스를 발견하고 그곳에 여장을 풀었다. 한국에서는 상상도 할 수 없는 형편없는 시설이지만, 달리 선택의 여지가 없었다. 이럴 때는 최대한 빨리 마음을 내려놓는 게 상책이다.

• 투비곤 숙소

숙소명	전화	숙박료
The Monina Inn & Restaurant	+63 38 237 2890	2,500페소
Ligaya's Pension House	+63 38 508 8900	
Drossgold Pension House		750페소
TMR Pension House		

＊투비곤은 숙소가 다양하지 못하며, 업소 간의 시설 차이가 크다. 그중에 The Monina Inn & Restaurant 을 추천한다.

프레디 아길라의 '아낙'을 들으며 –3일 차

• 이동: 투비곤 → 트리니다드 → 카르멘 → 로복 → 로이

• 거리: 87km

• 누적 거리: 195km

■ 이용 도로

> 투비곤 → 탁빌라란 노스 로드 → 보홀 서컴프렌셜 로드
>
> → 트리니다드 → 로이 인테리어 로드 → 로이

수요 집회를 하는지 새벽부터 숙소 옆 성당에서 성가(聖歌)와 신부님 강독 소리가 끊임없이 흘러나왔다. 전통시장 도로변의 식당에 필자의 입맛에 꼭 맞는 아침 뷔페식당이 있었다. 간장에 조린 돼지고기와 소고기, 삶은 닭고기가 한 접시 가득 나왔다. 식사비는 놀랍게도 90P. 한국 돈

1,000원으로 배춧국과 가지 조림까지 맛볼 수 있었다.

간밤에 내린 비 때문인지 엷은 안개가 보홀해(海)와 열대 우림 사이의 호젓한 길 위에 내려앉아 있었다. 자전거 바퀴 돌리는 소리만 촉촉이 젖은 도로에 번지듯 퍼져 나갔다. 남국의 정취가 물씬 느껴졌다. 지금 이 순간 즐거움을 넘어 행복함이 느껴졌다. 등굣길 어린아이가 언니, 형의 손을 잡고 학교로 향하던 발걸음을 멈추고 필자를 향해 환한 미소를 지으며 수줍은 표정으로 "헬로"하면서 아침 인사를 건넸다.

보홀섬은 도로 표지판 설치에 인색했다. 필자가 가고 있는 이 길이 어디로 향하는지, 다음 마을까지 얼마나 남았는지 알려주는 표지판을 찾아볼 수 없었다. 보홀 라이딩의 핵심은 '초콜릿 힐스' 방문이다. 탁빌라란에서 시작한 라이딩은 섬 북부의 트리니다드Trinidad까지 갔다가, 그곳에서 남쪽으로 보홀섬을 가로질러 카르멘Carmen으로 향했다. 트리니다드를 출발해서 로이 인테리어 로드Loay Interior Road를 따라가면 로이Loay 방향으로 44km 지점의 왼쪽에 '초콜릿 힐스 전망대'가 있다. '초콜릿 힐스'는 건기에는 녹색이지만, 우기에는 진한 갈색으로 변해서 초콜릿과 비슷하게 된다고 해서 붙여진 이름이다. 매표소를 통과하니 '전방 급경사'라는 안내판이 나타났다. 어느 정도의 경사인지 모르지만, 자동차가 올라가는 고개라면 자전거로도 오를 수 있다는 치기(稚氣)가 발동했다. 한번 붙어보자는 마음으로 두 발에 온 힘을 모아서 페달을 돌리기 시작했다. 경사는 급했지만, 끌고 올라갈 정도는 아니었다. 건기가 시작된 지 얼마 되지 않아서 언덕은 아직 초록색이지만, 소문대로 독특하고 생경한 풍경은 우리의 눈길을 사로잡을 만했다.

보홀의 '초콜릿 힐스Chocolate Hills'이다.

전망대 일부가 지진으로 부서져 있었다.

프레디 아길라의 '아낙'을 부르는 기타 연주자

전망대에서 내려오는 계단에 시각 장애인이 기타 치며 노래를 부르고 있었다. 그에게 1970년대 후반에 유행했던 프레디 아길라의 '아낙Anak'을 불러달라고 주문했다. 그는 가사를 완전히 몰라서 끝까지 부를 수는 없지만, 일단 부를 수 있는 소절까지 해보겠다고 필자의 청을 흔쾌히 받아주었다. 그리고는 원곡의 느낌 그대로 우리를 위해 열창했다. 가슴을 울리는 노랫말과 멜로디에 열렬한 박수로 고마움을 표했다. 초콜릿 힐스에서 멀지 않은 곳에 뜻밖의 선물이 있었다. '빌러 인공림Bilar Man - Made Forest'이 그것이었다. 하늘로 쭉쭉 뻗은 웅장한 수목을 헤치며 자전거 두 대가 내리막을 쏜살같이 내달리니 이루 말할 수 없는 상쾌함과 희열이 전신에 퍼졌다.

로복 스포츠단지Loboc sports complex 부근의 호텔에 갔으나 빈방이 없었다. 부득이 20여 km 떨어진 로이Loay까지 가야만 했다. 어제에 이어 오늘도 숙소 잡는 데 조금 애를 먹었다. 로이의 중심 교차로에 마침 관광안내소가 있었다. 웃음을 머금은 매력적인 여인이 우리에게 들어오라고 손짓했다. 숙소를 찾고 있다는 우리의 이야기를 들은 그녀는 인근 리조트에 일일이 전화를 걸어서 빈방이 있는지 수소문했다. 그녀가 소개해 준 '림피아 리조트Limpia Resort'는 12월은 비수기라서 50% 할인까지 해주었다. 깨끗한 리조트 객실을 800P(약 18,400원)에 잡은 데다가 리조트 직원들이 하나같이 예의 바르고 친절해서 기분이 흐뭇했다.

• 로이 & 로복 숙소

숙소명	전화	숙박료	지역
Villa Limpia Beach Resort	+63 38 538 9391	18,400원	로이
Cappernaum Beach Resort			로이
Hilltop Cottages and Resort	+63 38 537 9174	27,140원	로복
Loboc Backpackers Inn	+63 939 798 5314	7,774원	로복

＊로이와 로복에는 숙소가 다양하지 못하며, 특히 로복은 빈방이 없을 수 있으니 사전 예약이 필요하다.

팡라오섬은 순수하고 인정이 넘쳤다 -4일 차

- 이동: 로이 → 팡라오 → 탁빌라란 → 세부 시티 → 막탄
- 거리: 51km (보홀 섬)
- 누적 거리: 246km

■이용 도로

로이 → 탁빌라란 이스트 로드 → 팡라오 →

팡라오 서컴프렌셜 로드 → 탁빌라란

깜깜한 새벽인데도 탁빌라란 이스트 로드Tagbilan East Road에서 달리기하는 필리핀 사람이 적지 않았다. 필리핀은 날씨나 체육시설이 운동하기 좋은 여건은 아니지만, 그런데도 곳곳에서 운동하는 사람이 눈에 많이 띄었다. 50여 분을 라이딩해서 로이에서 15km 지점인 팡라오섬 입구에 도착했다. 구름 너머로 태양의 붉은 기운이 올라오고, 그 빛은 팡라오의 어둠을 몰아내고 섬 구석구석을 밝히기 시작했다.

팡라오섬 입구의 보자 브릿지Borja Bridge에서 바라본 일출이다.

팡라오 입구에 작은 규모의 수산시장이 있었다. 인근 바다로 출항했던 어선들이 돌아와서 덩달아 어시장도 활기 넘쳤다. 먹음직한 해삼이 보였다. 혹시라도 해삼이 아닐 수 있어서 날로 먹을 수 있는지 물어보니, 여주인이 한 점을 집어서 먹는 시범을 보여 주었다. 우리에게 술은 없지만, 고추장과 젓가락이 있으니 더 바랄 게

수산시장에서 흥정하는 모습이다.

없었다. 다리의 난간에 걸터앉아 부지
런히 해삼을 먹고 또 먹었지만, 양이
많아서 쉽게 그릇 바닥이 드러나지 않
았다.

팡라오섬의 샛길로 들어서니 현지
인이 코코넛 나무 위에서 가지를 쳐내
고 있었다. 한국에서는 볼 수 없는 장
면이라서 관심 있게 지켜보니 방금 따
낸 코코넛을 들고 우리에게 왔다. 그
가 허리춤에 차고 있던 칼로 코코넛의
윗부분을 몇 번 세게 내리치니 구멍이
생기고 그곳에서 수액이 흘러나왔다.
코코넛을 건네받은 우리는 벌컥벌컥
마셨다. 색다른 경험을 했으니 대가를

지급해야 하는 법. 그러나 코코넛 주인인 할머니는 돈 받기를 한사코 거
절하며 그냥 가라고 하셨다. 고마움의 표시로 크게 인사드리고 옆 마을로
이동했다. 그곳에서 장작불에 달걀 요리를 하는 아줌마 앞에 쪼그리고 앉
아서 주저리주저리 수다를 떨다가, 호수처럼 잔잔한 보홀 바닷물에 몸을
담갔다.

알로나 비치는 관광객이 많지 않아서 시간 보내기 안성맞춤이었다. 바
닷가 북쪽의 나무 그늘에 터를 잡았다. 태양이 작열하는 모래사장에 누워
서 뜨거운 햇살에 온몸을 맡긴 러시아 사람들과 달리, 태양에 노출되는
걸 꺼리는 우리는 나무 그늘에 숨었다. 알로나 비치에서의 휴식도 잠시,

팡라오섬의 유명한 알로나 비치가 텅 비어 지진으로 부서진 보홀의 어느 성당이다.
있었다.

팡라오 섬을 나와서 탁빌라란으로 향했다. 부서져 방치된 성당이 곳곳에 있어서 그 연유를 물어보니, 어느 초로(初老)의 신사가 몇 해 전에 있었던 강도 7.2의 지진으로 보홀의 많은 건물이 파괴되었다는 이야기를 들려주었다.

보홀섬을 떠나야 할 시간이 되어 선착장으로 향했다. 부두에는 많은 사람이 몰려 있었고 저렴한 투어리스트 티켓은 매진이었다. 그렇다고 운임이 두 배나 비싼 비즈니스 티켓을 구매할 이유가 없어서 다음 배에 탑승했다.

오션 제트 편도요금: 683페소 (약 16,000원)
[여객운임 500P, 터미날 요금 15P, 자전거 탁송료 168P]

Citi Avenue Bikeshop

주소: Gilmore, Manalili St, Sta. Nino, Cebu City, 6000 Cebu, Philippines

홈페이지: citiavenuebike.com

전화번호: +63 32 254 5287

영업시간: 오전 9:30 ~ 오후 6:30

Motion Bikes Concept

주소: Leon Kilat St, Cebu City, Cebu, Philippines

전화번호: +63 32 256 0970

영업시간: 오전 9:30 ~ 오후 6:30

Recreational Outdoor Exchange

주소: Ayala Center, Cebu Business Park, Cebu City, 6000 Cebu, Philippines

홈페이지: www.rox.ph

전화번호: +63 32 254 5287

영업시간: 오전 9:30 ~ 오후 6:30

Wellson Bike Shop

주소: Plaridel Ext., Cebu City, Cebu, Philippines

전화번호: +63 927 450 7002

C&R Textile - bikeshop

주소: 56 Plaridel St, Cebu City, 6000 Cebu, Philippines

전화번호: +63 32 256 1256

영업시간: 오전 9:00 ~ 오후 5:00

YKKBikes

주소: 70 Legaspi Street, Cebu City, Cebu, Philippines

인터넷: ykkbikes.com

전화번호: +63 32 255 8853

영업시간: 오전 9:00 ~ 오후 6:00

내 실수로 빚어진 마닐라에서의 해프닝

필리핀 사람들은 예의 바르고 유순하고 착하다. 그들은 늘 웃는 얼굴이다. 거기에 노래와 춤을 좋아해서 하루 종일 음악을 크게 틀어놓고 지낸다. 부정적으로 보면 게으르고 답답해 보이지만 필자는 그들의 욕심을 부리지 않고 삶을 즐기는 모습이 좋다. 이런 필리핀 사람들도 공격적이고

전투적일 때가 있다. 그들은 자존심이 강하고 체면을 중요시해서 남들로부터 무시당하거나 모욕을 받으면 공격적으로 변하거나 복수하려고 한다.

필자의 필리핀 자전거 여행 중에 있었던 일이다. 마닐라 마카티 게스트하우스의 옆 침대에 필리핀 현지인이 투숙했다. 그와 이런저런 이야기를 나누는데 갑자기 우리나라의 역사를 언급하며 과거에 오랫동안 우리나라가 중국의 속국이었다는 사실(史實)과 맞지

않는 이야기를 했다. 필자는 그렇지 않
다는 우리나라의 역사를 차근차근 설
명했건만, 그는 자신의 엉뚱한 주장을
굽히지 않았다. 결국, 필자 입에서 거
친 이야기가 튀어나왔고 서로 얼굴이
붉어졌다. 필자의 언성이 높아지고 더
는 대화가 진행될 수 없었다. 돌아앉아
서 씩씩거리고 있는데 그가 저녁 식사
를 같이 하자는 제안을 해 왔다. 필자
는 그에 대한 감정이 상해 있어서 단
칼에 그의 제안을 거절했다. 그때 그의
얼굴이 붉으락푸르락 거리는 것이 살
짝 보였다.

　다음 날 필자는 동반자와 마닐라 시
내 관광을 나갔고 저녁에 숙소로 돌아
와 보니 필자의 개인 보관함이 활짝
열려 있었다. 보관함의 잠금장치가 뜯
어져 있었고 그 안에 들어 있던 필자의 노트북이 보이지 않았다. 프런트
에 확인해 보니 그는 체크아웃해서 없었다. 필자의 여행 사진 원본이 저
장된 노트북을 도난당하고 필자는 뼈아픈 교훈을 얻었다. 절대로 필리핀
사람들에게 모욕을 주면 안 된다는 것을.

*본 콘텐츠는 2014년 12월 기준으로 작성되었습니다. 현지 사정에 의해 정보가 달라질 수 있습니다.

Chapter 4.

일로일로(1) → 파시 시티(1) → 깔리보(1) → 보라카이(2) → 까티끌란 [5박 6일]

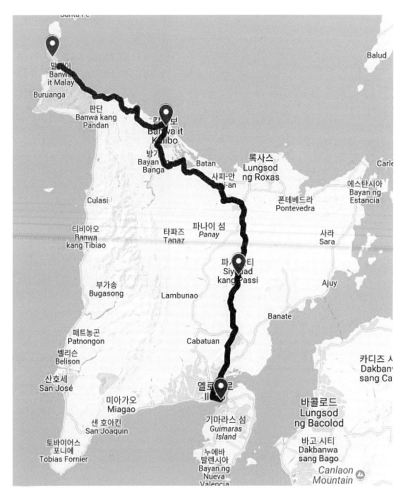

빨간색 아이콘은 필자가 숙박한 도시 또는 마을이다.

■ 코스 특징

필리핀에서 여섯 번째로 큰 섬인 파나이섬에는 왼쪽 끝부분에 보라카이
가 있고, 아래쪽에는 우리나라 학생들이 어학연수를 많이 가는 일로일로
가 있다. 전장 200여 km가 넘는 코스에 고도 100m가 넘는 고개는 단 4
곳뿐일 정도로 평탄하다. 그중 3곳은 칼리보에서 까티끌란으로 향하는
503번 도로(아클란 훼스트 로드)의 까티끌란 해안가에 몰려 있다.

• 인천 - 마닐라 항공편

항공사	편명	운항구간	출발시간	도착시간	운항날짜
대한항공 www.koreanair. co.kr (마닐라 공항터미널 1)	KE621	인천→마닐라	08:00	10:50	매일
	KE622	마닐라→인천	12:20	17:15	매일
	KE623	인천→마닐라	20:05	23:00	매일
	KE624	마닐라→인천	00:30	05:10	매일
아시아나항공 www.flyasiana.com (마닐라 공항터미널 1)	OZ701	인천→마닐라	08:15	11:05	매일
	OZ702	마닐라→인천	12:15	17:15	매일
	OZ703	인천→마닐라	19:50	23:05	매일
	OZ704	마닐라→인천	23:45	04:55	매일
필리핀항공 www.philippineair. co.kr (마닐라 공항터미널 2)	PR469	인천→마닐라	20:20	23:30	매일
	PR468	마닐라→인천	14:35	19:20	매일
	PR467	인천→마닐라	08:30	11:30	매일
	PR466	마닐라→인천	01:15	06:00	매일

*직항 스케줄은 변경될 수 있으며, 정확한 스케줄은 각 항공사 홈페이지를 참조하기
바란다.

• 마닐라 → 일로일로 항공편

세부퍼시픽(마닐라 공항터미널 3)		필리핀 항공(마닐라 공항터미널 2)	
마닐라 → 일로일로	소요시간	마닐라 → 일로일로	소요시간
04:20	1시간~ 1시간10분	04:30	1시간~ 1시간10분
05:25		08:15	
07:50		12:15	
10:30		16:50	
14:30		18:45	
17:05			
18:15			

*스케줄은 변경될 수 있으며, 정확한 스케줄은 각 항공사 홈페이지를 참조하기 바란다.

┤ 일로일로(Iloilo) ├

일로일로는 파나이섬의 주도(州都)이다. 설탕과 쌀을 주로 생산하는 항구도시 일로일로에는 스페인의 식민통치 시절인 1787년에 사암으로 만들어진 바로크 방식의 미아가오 성당이 있다. 유네스코 세계문화유산에 등재된 미아가오 성당은 일로일로 사람들의 삶이 켜켜이 쌓여 있는 장소이다.

• 일로일로 숙소

숙소명	아고다 평점	숙박료
Seda Atria	8.8	67,277원
Karen House	9.6	35,807원
GT Hotel Iloilo	8.3	32,083원
Casa Tentay	9.0	26,693원

*일로일로에는 숙박업소가 많으며 가격대가 다양하다. 평점과 숙박료는 수시로 변경된다.

동네 떠들썩한 생일잔치 -1일 차

- 이동: 일로일로 → 파시 시티
- 거리: 52km
- 누적 거리: 52km

■ 이용 도로

일로일로 → 일로일로 이스트 코스트 → 캐피즈 로드 → 파시 시티

인구 60만 명의 일로일로Iloilo에 약 40여 개 대학이 있으니, 영어에 노출되는 기회가 많다고 할 수 있다. 그래서인지 한국에서 영어를 공부하러 온 학생들이 눈에 많이 띄었다. 마닐라나 세부에 비해서 이곳까지 오려면 번거롭고 시간이 오래 걸릴 텐데, 공부하려는 열의가 대단하다는 생각이 들었다. 일로일로에서 52km 떨어진 파시 시티Passi City가 오늘의 목적지이다.

요즘은 모내기 철인 듯 어떤 논에서는 여러 명이 함께 모내기하고, 다른 논에서는 농부 혼자서 볍씨를 사방으로 뿌리고 있었다. 우리나라에서처럼 파종한 모를 모판에서 떠다가 논에 심는 게 아니라 벼 씨앗을 그냥 논에 뿌리니, 당연히 일손이 적게 갈 듯했다. 과거 세계 최대 쌀 수출국이었던 천혜의 땅 필리핀이 오늘날 세계 최대의 쌀 수입국이 된 것은 아이러니하다.

도로변에 인접한 집에서 시끄러운 소리가 들렸다. 궁금해서 울타리 안을 들여다보니 무슨 행사가 있는 듯 많은 사람이 모여 있었다. 궁금해서

필리핀에서는 우리의 이양법과 달리 볍씨를 직접 논에 뿌렸다.

집안 어른의 생일잔치에 80여 명이나 모였다.

가던 길을 멈추고 집 안으로 들어 갔다. 사람들의 시선이 우리에게 집중되는 것은 불문가지(不問可知) 였다. 궁금해서 잠시 들른 것뿐인 데 모두 우리를 쳐다보니 괜히 들 어왔다 싶을 정도로 민망해졌다. 잠시 멈칫거리니까 나이 든 사람 과 젊은 여자가 다가와서 무슨 일 로 왔는지 물었다. 호기심 때문이 라는 대답에 고개를 끄덕이며 우 리를 안쪽으로 안내했다. 잔치 음 식을 먹고 가라는데, 조금 전에 점 심을 잔뜩 먹어서 더는 먹을 수 없 었지만, 그 사람들과 어울리려면 먹는 시늉이라도 해야 할 것 같았 다. 집안 어른과 대화를 나누었지 만, 그의 영어가 깊은 대화를 나눌 수 있을 정도가 아니라서 간단히 의사소통만 했다. 오늘이 그의 56번째 생일이라서 아들과 손주 등 모두 80명이 모였다고 한다. 이렇게 모두 우리를 따뜻하게 환대해 주니 고맙 기는 하지만, 우리 때문에 축제가 제대로 진행이 되지 않는 것 같아서 빨 리 자리를 피해 주는 것이 도리일 것 같았다.

잠시 소강상태를 보이던 비가 폭우로 변했다. 순식간에 많은 비가 내리니 도로 곳곳에 물이 넘쳤다. 빗줄기가 가늘어지기를 기다리다 쉽게 그칠 것 같지 않아서 출발했는데, 얼마 지나지 않아서 하늘이 우리를 도우려는 지 빗줄기가 약해졌다.

파시시티(Passi City)

파시는 인구 8만여 명의 조용한 도시이지만, 필리핀 파인애플의 주요 생산지라서 '달콤한 도시'라고 불린다. 파인애플은 고도가 높고 바람이 잘 통하면서 물이 잘 빠지는 곳에서 자란다. 이런 조건을 두루 갖춘 도시가 파시이다.

• **파시 숙소**

숙소명	전화	위치
Pintados Pension House	+63 33 311 6263	Iloilo East Coast, Capiz Rd.
Garden Pavillion Hotel		"
Pintados Pension		"

*파시에는 숙소가 많지 않으며, 필자가 묵은 가든 파빌리온 호텔Garden Pavillion Hotel 은 조용하고 시설이 깨끗했다.

자전거 안장 위에서 즐기는 시간여행 −2일 차

• 이동: 파시 → 칼리보
• 거리: 104km
• 누적 거리: 156km

■ 이용 도로

파시 시티 → 일로일로 이스트 코스트 → 캐피즈 로드 → 시그마 →
PC 배럭스 로드 → 맘부사오 임버그 로드 → 503번, 웨스턴 노티컬
하이웨이 → 칼리보

듀마라오 산골에서 카라바오Carabao에 짐을 싣고
시장으로 가는 일가족의 모습이다.

동네를 돌며 캐럴을 들려주는 청년 악단

파나이섬에서 만나는 필리핀 사
람들은 우리가 먼저 인사를 건네
지 않으면 우리에게 인사하지 않
았다. 어린아이들은 누가 먼저랄
것도 없이 서로 인사하지만, 어른
들은 그렇지 않았다. 하지만 우리
가 먼저 인사하면 기다렸다는 듯
이 활짝 웃으며 답례했다. 왜일까?

매일 음악을 들으며 자전거를
타더라도 간혹 지루함이 느껴지는
날이 있다. 그럴 때는 심심함을 달
래려고 과거로의 시간여행을 떠난
다. 방법은 간단하다. 자전거 속도
계에 찍히는 주행거리에 해당하는
연도를 떠올리며 옛날을 회상하는
것이다. 주행거리가 차츰 늘어나서
68km가 찍히면 초등학교 졸업하
던 1968년을 생각해 낸다. 이렇게

속도계의 주행거리에 해당하는 지난 추억을 반추하며 필자만의 시간을 갖는다. 간밤에 내린 비로 인해서 일부 집 마당에 물이 넘쳤다. 지금이 필리핀의 건기인 12월임에도 불구하고 수시로 비가 쏟아졌다.

간밤에 내린 비로 집 마당에 물이 넘쳤다.

오늘도 많은 구간에서 도로공사 중이었다. 왕복 2차선 중에서 한 개 차선만 열어 놓기 때문에 필자의 뒤로 차량이 졸졸 따라왔다. 앞에서는 필자가 지나가기를 기다리는 차량이 대기하고 있으니 마음이 급해졌다. 필리핀 파인애플의 산지답게 거리에 파인애플 가게가 많았다. 가게 여주인은 현란한 칼 솜씨로 파인애플을 먹기 좋게 잘라서 비닐봉지에 담아주었다. 파인애플 한 통이 35페소(약 800원)이었다.

파인애플을 파는 거리의 가게

평지길 100여 km를 힘들지 않게 주행하고 깔리보Kalibo 의 멋진 숙소에 도착했다.

• 칼리보 숙소

숙소명	평점	숙박료
Royal Suites Condotel	8.3	44,560원
Inn and Suites at Roz and Angeliques	8.3	41,374원
Kalibo Hotel	7.4	28,153원
Starline Travellers Inn	8.0	18,018원

*칼리보에는 숙소가 많으며, 평점과 숙박료는 변경될 수 있다.

명성만큼 멋진 보라카이 일몰 -3일 차

• 이동: 칼리보 → 까티끌란 → 보라카이

• 거리: 78km

• 누적 거리: 234km

■ 이용 도로

칼리보 → 503번 도로, 아클란 웨스트 로드 → 까티끌란 → 보라카이

새벽 5시 30분, 이른 아침인데도 맥도날드 햄버거 가게는 사람들로 북적였다. 옆자리의 부부에게 그 이유를 물어보니 성당의 아침 미사가 끝나서, 신도들이 이곳에 아침 식사하러 왔다고 한다. 그동안 궁금했던, 천성이 착한 필리핀 사람들이 왜 먼저 인사를 하지 않는지 물었다. 그들 부부의 대답은 의외였다. 외국인과 대화하려면 영어를 잘해야 하는데, 영어에 자신감이 없는 게 첫 번째 이유이고, 두 번째는 필리핀 사람들이 부끄럼

을 많이 탄다는 것이다. 필자가 예상했던 대답은 아니었지만, 필자의 어리석은 질문에 현답(賢答)했다.

스마트폰 영어사전 애플리케이션이 오프라인에서도 작동한다는 것을 모르고 그동안 도로 주행하다가 모르는 영어 단어가 나오면 그냥 넘어갔다. 오늘 우연히 영어사전 앱이 인터넷 연결이 안 될 때도 작동한다는 것을 알았다. 그래서 처음 찾아본 단어가 nautical이었다. Nautical은 '선박의', '해상의' 뜻인데, 필리핀이 섬으로 이루어진 나라이다보니 해안가의 도로명에 이 단어를 많이 썼다.

깔리보에서 까티끌란까지의 도로는 필리핀의 주요 관광지답게 매우 깔끔하게 포장되어 있었다. 하지만 까티끌란에 가까워질수록, 깔리보 기점 56km 지점부터 10여 km는 업다운이 심했다. 까티끌란에 도착해서 보라카이 섬으로 가는 배에 탑승했다. 딱 10분 타는 배의 운임은 환경 보존비를 포함하여 430P(약 1만

아침 미사를 마치고 식사하러 온 오스틴과 그의 아들

싸움닭(싸봉)을 키우는 농장이 많았다.

까티끌란과 보라카이 간을 운행하는 방카에 자전거를 실었다.

원)이었다. 길 안내를 하는 스마트폰이 보라카이에서 GPS 신호를 잡지 못했다. 지금까지 그런 경우가 없었는데, 무슨 이유에서인지 먹통이 되어 버렸다. 주변에서 종이 지도를 얻어 겨우 예약한 숙소를 찾아갈 수 있었다.

세계 3대 화이트 비치라는 보라카이는 모래사장의 길이가 무려 3km나 되었다. 그곳에는 돛단배를 타라고 유혹하는 호객꾼들이 즐비했다. '에디'라고 자신을 소개한 호객꾼도 그 중의 하나였다. 그는 필자가 싫어하는 표정을 지었는데도 불구하고 옆에 와서 말을 건넸다. 처음에는 귀찮아서 설렁설렁 대답했지만, 얼마 지나지 않아서 이 친구의 솔직함에 마음이 끌려서 진지하게 대화에 임했다. 그는 배를 탈 손님을 찾아다녀야 하는 자신의 직무를 잊은 듯 필자의 옆을 떠날 생각을 하지 않고 많은 이야기를 들려주었다. 그의 이야기를 종합하면 돛단배 한 척의 가격은 1,000만 원 정도이며, 수명은 20년이라는 것과 대나무로 만든 돛을 매년 갈아 주어야 한단다. 또한, 외국인은 필리핀의 부동산을 소유할 수 없듯

보라카이 화이트 비치의 일몰은 명성만큼이나 멋졌다.

이 돛단배도 가질 수 없지만, 일부 외국인은 현지인 명의를 빌려서 소유하고 있단다. 요즘 같은 비수기에는 매월 15,000P(약 345,000원)를 벌지만, 성수기인 여름 휴가철에는 45,000P(약 1,040,000원)도 벌 수 있다고 한다. 법으로 오후 6시 이후에는 돛단배를 보라카이 해변에 둘 수 없어서, 인근의 까티끌란Caticlan으로 끌고 갔다가 아침에 다시 가져온다는 이야기도 들려 주었다.

• 보라카이 숙소

숙소명	평점	숙박료
Fridays Boracay Resort	8.2	132,802원
Boracay Haven Suites	8.6	59,188원
812 Angel Boracay Apartment	8.7	23,337원
W Hostel Boracay	9.0	14,613원

*보라카이에는 숙박업소가 많이 있으며, 가격대도 다양하다. 평점과 숙박료는 수시로 변경된다.

2012년 Travel+Leisure에서 뽑은 세계에서 가장 아름다운 섬으로 보라카이가 선정되었다. 섬 서쪽의 화이트 비치에는 넓은 해안과 최고급의 리조트, 호텔들이 자리 잡고 있다. 한국 식당뿐만 아니라 일본, 이탈리아. 스페인 등의 식당이 있어서 여러 나라의 음식을 맛볼 수 있다. 불라복 비치Bulabog Beach는 화이트 비치 반대쪽인 동쪽에 있고 일 년 내내 강한 바람이 불기 때문에 윈드서핑과 카이트 보딩으로 유명하다.

그녀는 한국인이었다 –4일 차

- 관광: 보라카이
- 거리: 10km
- 누적 거리: 244km

보라카이의 아침이 밝았다. 숙소 옆에 '싸봉(鬪鷄, fighting cock)'을 키우는 집이 있었다. 닭 주인의 닭 자랑이 대단했다. "이 닭은 3년 연속 우승 닭, 저 닭은 2년 우승 닭" 마치 자식 자랑하듯이 닭 자랑에 열을 올렸다. 상금은 '싸봉' 규모에 따라 다르지만, 최고로 많이 받았을 때는 50만P(약 11,500,000원)를 받은 적이 있고, 평균 15만P(약 3,450,000원)를 받았다고 한다. 싸움닭이 자식 이상으로 효자 노릇을 하고 있었다.

보라카이가 내려다보이는 루호Luho 산을 찾아갔다. 현지인에게 여러 차례 길을 묻고 가파른 고갯길을 오르고 나서야 전망대 입구에 도착할 수 있었다. 가빠진 숨을 돌릴 틈도 없이 계단을 통해시 전망대에 오르니 보라카이 섬이 한눈에 내려다보였다. 보라카이는 명성만큼이나 매력적인 섬이었다. 파란 바다와 어우러진 보라카이 모습이 보석처럼 강렬한 빛을 발했다. 불라복Bulabog 비치 방향으로 하산했다. 그곳은 바다에서 불어오는 바람을 이용한 카이트 보딩과 윈드서핑을 즐기는 젊은이들에게는 낙원이었다. 익스트림 스포츠를 즐길 수 있게끔 제반 편의시설을 갖추고 있는 게 인상적이었다.

닭싸움 대회에서 수상 경력이 많은 닭이다.

비가 오락가락했다. 갑자기 폭우가 쏟아지면 추위를 느낄 정도이지만, 햇볕이 강렬할 때는 따가움이 느껴졌다. 바닷물에 들락날

루호 산에서 내려다본 보라카이의 모습

락하며 놀고 있을 즈음에, 운동으로 가꾼 듯한 멋진 몸매의 동양 여인이 눈에 띄었다. 걷는 모습과 행동거지가 자신감으로 가득 차 있어서 쉽게 눈길을 뗄 수가 없었다. 어느 나라 사람일까 궁금했다. 바닷물에 들어가는 척하며 그녀에게 다가가 국적을 물었다. "코리아" 그녀의 입에서 놀랍게도 한국인이라는 대답이 나왔다. 알고 보니 그녀는 '지금 이 순간'을 즐기는 자유로운 영혼의 배낭여행자였다. 지금까지 혼자서 세계 40여 개 국가를 여행했다고 하니 부럽기 짝이 없었다.

그때그때 다른 필리핀의 규정과 시스템 -5일 차

- 이동: 보라카이 → 까티끌란 → 마닐라 → 서울
- 거리: 10km
- 누적 거리: 254km

■ 이용 도로

아클란 웨스트 로드

어젯밤에 호스텔 종업원들이 사장에게 크게 꾸지람을 들었다. 우려한 대로 아침에 일어나 보니 친절한 매니저를 포함해서 종업원 3명이 해고 되었다. 그들이 무슨 잘못을 했는지 모르겠지만, 손님 측면에서 보면 욕심쟁이 스페인 주인에게 문제가 있지, 불쌍한 종업원에게는 문제가 없었다. 허름한 시설인데도 이 숙소의 아고다 평점이 높은 이유는 종업원들의 진심 어린 서비스 때문이었지, 돈만 밝히는 주인 때문이 아니었다. 이런 안타까움을 뒤로 하고 우리에게 큰 기쁨을 안겨 주었던 보라카이를 떠날 시간이 되었다. 보라카이와 까티클란을 왕래하는 방카에 자전거를 둘 공간이 마땅치 않아서 배 천장에 올려놓았다. 필리핀은 제반 규정과 시스템에 따라 움직이기보다 그때그때의 상황에 따라 작동되는 듯했다. 어떤 배는 자전거 운임을 받고, 어떤 배는 받지 않았다. 또 터미널 사용료가 여객 운임보다 무려 4배나 비싼 곳도 있었다. 보라카이에서 까티끌란으로 돌아갈 때는 뱃삯만 받고 자전거 운송료는 받지 않았다. 대신 터미널 사용료로 무려 운임의 4배인 100P(약 2,300원)를 받았다.

카티클란이나 깔리보처럼
작은 도시에서는 자전거 포
장박스를 구하기 쉽지 않을
수 있다. 이럴 때는 헝겊으
로 만든 캐링백이 좋은 대
안이 된다. 필자는 아직 종
이박스로 만든 소프트 케이

스 이외에 헝겊으로 된 캐링백에 자전거를 담고 비행기에 실어 보지 않았다.
그렇지만, 적지 않은 자전거 여행자들이 캐링백에 자전거를 담아서 비행기
에 실었다고 한다. 이 경우에는 아무래도 파손 위험이 있으니 에어캡(일명
뽁뽁이)이나 골판지 등으로 덧대면 좋다. 캐링백의 장점은 접으면 부피가 작
아져서 패니어에 넣고 다닐 수 있다.

세부퍼시픽 (마닐라 공항터미널 3)		필리핀 항공(마닐라 공항터미널 2)	
까티끌란 → 마닐라	소요시간	까티끌란 → 마닐라	소요시간
11:05	55분~ 1시간10분	06:45	50분~ 1시간
11:55		09:50	
14:35		12:55	
19:30		17:00	
20:45			

*항공 스케줄은 변경될 수 있으며, 정확한 스케줄은 각 항공사 홈페이지를 참조하면
된다.

*본 콘텐츠는 2014년 12월 기준으로 작성되었습니다. 현지 사정에 의해 정보가 달라질 수 있습니다.

베트남자전거 여행

■ 베트남

베트남은 한반도의 약 1.5배로, 국토의 총 길이가 1,600km에 달하며, 해안 선은 무려 3,000km가 넘는다. 북쪽으로 중국과 국경을 접하고, 동쪽과 남 서쪽은 남중국해와 태국만에 접해 있다. 서쪽으로는 안남산맥(쯔엉선산맥이라고도 함)을 경계로 라오스, 캄보디아와 국경을 맞대고 있다.

국토의 3/4이 산악지대인 베트남은 중국의 윈난성(雲南省)에서 발원하여 베트남 북부를 흐르는 송꼬이강 하류의 하노이 지역과 인도차이나 최대의 하천인 메콩강 하류의 호찌민 지역에 논농사하기에 적합한 비옥한 넓은 평 야가 있다. 베트남 사람들은 대부분 북부의 하노이 주변과 중부의 훼와 다낭 지역, 남부의 호찌민 주변의 메콩 삼각주에서 생활한다.

베트남의 인구는 9,270만 명인데, 등록된 오토바이 숫자가 4,350만 대이다. 두 사람이 한 대쯤 가지고 있는 수준이다.

출처 : 두산백과

■ 베트남 기온

베트남은 북부와 남부의 기온 차가 큰 편이다. 북부는 아열대성 기후를 띠고 있어 비교적 사계절이 뚜렷하고, 봄과 가을이 짧다. 5~11월은 고온 다습하며, 12~4월은 날씨가 선선한 편이다. 이 기간은 평균기온이 10~16℃까지 떨어진다. 열대성 기후를 띠는 남부는 우기와 건기가 뚜렷하다. 우기인 5~10월에는 열대성 소나기가 자주 내리며, 건기인 1~3월에는 비가 거의 내리지 않는다.

■ **여행 최적기**

북부(하노이, 하이퐁, 싸파, 타이응웬, 호아빈): 11~12월

중부(다낭, 호이안, 훼, 동허이): 2~3월

남부(호찌민, 비엔호아, 짜빈, 붕따우, 껀터, 쩌우독): 11~3월

Chapter 5.

훼(2) → 다낭(1) → 호이안(1) → 다낭(1) [5박 6일]

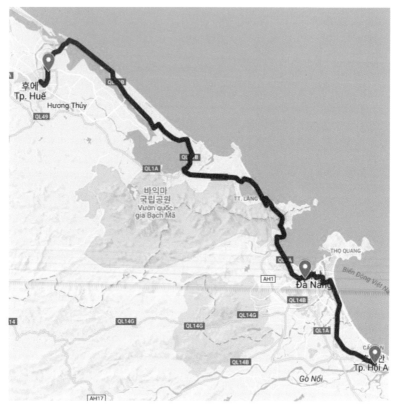

파란색 아이콘은 필자가 숙박한 도시 또는 마을이다.

■ 코스 특징

훼 (우리는 후에라고 부름)부터 다낭을 거쳐서 호이안까지 가는 150km는
하이반 패스를 빼면 평지라서 힘들지 않다. 다만 해발고노 474m의 하이

반 패스가 있지만, 미시령만큼 가파른 것은 아니어서 초보자라도 충분히 도전할 수 있다. 게다가 대부분 차량은 터널로 가기 때문에 하이반 패스를 넘어 다니는 차들이 많지 않아서 심적 여유를 갖고 오를 수 있다. 고개 정상에서 다낭까지는 내리막이고, 다낭에서 호이안까지 역시 평지라서 힘들지 않게 호이안에 갈 수 있다.

인천에서 훼로 가는 방법은 크게 3가지가 있다.

1. 인천 → 하노이 → 훼

• 인천 → 하노이 직항편

대한항공, 아시아나항공, 베트남항공, 비엣젯항공, 진에어, 제주항공, 이스타항공 등

• 하노이 → 훼 항공편

항공사	출발시간	도착시간	운항일자
베트남항공	07:00	08:10	매일
	08:45	09:55	
	18:30	19:40	

2. 인천 → 호찌민 → 훼

• 인천 → 호찌민 직항편

대한항공, 아시아나항공, 베트남항공, 비엣젯항공, 티웨이항공, 중국남방항공 등

• 호찌민 → 훼 항공편

항공사	출발시간	도착시간	운항일자
베트남항공	05:40	07:05	매일
	11:00	12:25	
	16:15	17:40	
	17:55	19:20	
제스타퍼시픽에어라인	06:05	07:30	매일
제스타	06:05	07:30	매일

3. 인천 → 다낭 → 훼

• 인천 → 다낭 항공편

대한항공, 아시아나항공, 제주항공, 진에어, 티웨이항공, 비엣젯항공, 베트남항공 등

• 다낭 → 훼 열차 시각표 (베트남 철도 사이트: www.vr.com.vn)

다낭 출발 시각	훼 도착 시각
22:59	01:36
03:04	05:41
09:25	12:41
12:46	15:31
14:13	16:47

＊베트남은 한국과 달리 승차자가 자전거를 들고 기차에 탈 수 없고, 수화물 요금을 내고 별도로 탁송해야 한다.

다낭에서 우리나라로 귀국하는 방법은 여러 가지가 있지만, 여기서는 항공편으로 귀국하는 방법만 소개한다.

4. 훼 → 인천 귀국편

> **• 다낭 → 인천 항공편**
>
> 대한항공, 아시아나항공, 제주항공, 진에어, 티웨이항공, 비엣젯항공, 베트남항공 등

'꼼'은 밥을 의미했다 –1일 차

- 관광: 훼
- 거리: 30km
- 누적 거리: 30km

| 훼 Hue |

훼 Hue는 1802년부터 1945년까지 베트남 남부 전역을 통치했던 응우옌 왕조의 수도였다. 응우옌 왕궁은 가로와 세로 각각 2km, 높이 5m의 성벽으로 둘러싸여 있고, 그 성벽은

다시 해자로 보호되었다. 해자의 물은 훼를 관통하는 흐엉강에서 끌어왔다. 이런 구조물을 시터들(citadel)이라고 하는데, 관광객이 주로 입장하는 남문 누각에 오르면 왕궁 전체가 한눈에 내려다보인다.

남문 정면에 중국의 자금성을 본떠 지은 디엔타이호아(太和殿)가 있고, 디엔타이호아의 왼쪽에 왕의 위패가 모셔진 현임각이 있다. 그 외에도 왕궁 안에는 왕족의 저택과 사원, 황제를 위한 뚜깜탄(紫禁城)이 있다. 성벽으로 둘러싸인 훼의 구시가지는 예전의 모습을 간직하고 있어 1993년에 유네스코 세계문화유산으로 지정되었다.

묵고 있던 호텔에서 주선한 훼Hue 왕릉 투어를 다녀왔다. 1802년부터 호찌민 공산정권에 의해서 1945년에 무너질 때까지 응우옌 왕조의 왕궁 역할을 한 시터들 안에는 중국 청나라 영향을 받은 궁전과 건축물이 많아서 낯설지가 않았다. 3대 왕릉인 민망 황제릉, 뜨득 황제릉, 카이딘 황제릉도 석조물이 많은 것을 빼고는 우리나라의 왕릉과 크게 다르지 않았다. 당일 투어 요금이 미화 10달러인데, 여기에는

오토바이가 아이들의 등하굣길을 돕는다.

버스 요금, 가이드비, 드래건 보트 값, 점심값이 포함되었다. 다만, 왕궁 한 곳과 왕릉 세 곳의 입장료 345,000동(약 17,000원)은 별도였다.

베트남 축구 열풍과 박항서 감독

자전거 여행은 도시 간 장거리 이동할 때만 조금 고생스러울 뿐이지, 시내에서 이곳저곳 다닐 때는 그렇게 편할 수 없다. 오늘은 자전거를 타고 훼 시내를 30km 정도 돌아다녔지만, 전혀 피곤하지 않았다. 만약 이 정도의 거리를 걸어 다녔다면 많이 힘들었을 것이다.

쌀국수보다 밥을 먹고 싶어서 눈여겨 보아 두었던 식당을 찾아 갔다. 필자가 '꼼Com'을 주문하자 종업원은 조금 어이가 없는지 필자를 주방으로 데리고 갔다.

필자는 어릴 적에 할아버지와 자주 장기를 두었다. 베트남에서는 장기를 '깡응'이라고 하는데, 포와 마를 한 칸씩 움직이는 게 우리와 달랐다.

그럴 수밖에 없는 게 '꼼'을 달라고 하니, '꼼'은 단지 밥만을 의미하는 듯 밥만 줄 수 없어서 필자를 주방으로 안내해서 '꼼'에 곁들이는 무슨 반찬을 원하는지 물어보는 것 같았다. 그곳에는 소고기, 닭고기, 채소, 새우 등 맛있게 보이는 반찬이 널려 있었다. 식사를 마치고 열대과일인 망고와 드래건 프루츠를 샀다. 혼자 여행할 때에는 먹고 싶다고 열대과일을 덜컥 살 수 없다. 상인들이 판매하는 최소량(量)이 있기 때문인데, 그 최소량이 혼자서 먹기에는 많다. 길에서 과일을 먹다가 남은 것을 호텔로 가지고 들어와도 문제가 있다. 과일 껍질을 벗기려면 접시와 칼이 필요한데, 접시는 없고 칼은 작아서 껍질 벗기기가 쉽지 않다. 게다가 끈적끈적한 게 손에 묻고, 자칫 과일을 바닥에 떨어뜨리기라도 하면 벌레가 모이기 십상이라서, 주변에 널려 있지만, 늘 침만 삼키지 실제로 먹기 어려운 것이 열대 과일이다.

오늘 아침에 왕릉 투어에 참가하느라고 필자의 짐을 들어 준 종업원에게 팁 주는 것을 잊고 있었는데, 늦게라도 건네주니 그렇게 고마워할 수가 없었다. 비록 작은 성의 표시였지만, 상대가 크게 기뻐하니 필자 역시 기분이 흡족했다. 그 후로 호텔 직원들은 필자한테 온갖 서비스를 제공했다. 저녁 식사를 마친 후에 그가 추천한 흐엉강Perfume River 유람선을 타며 훼의 밤을 만끽했다.

• 훼 숙소

숙소명	아고다 평점	숙박료
Imperial Hotel Hue	8.7	103,017원
Pilgrimage Village Boutique Resort & Spa	8.9	58,051원
Cherish Hue Hotel	8.7	29,103원
Hue Happy Homestay	9.0	15,416원

＊훼에 숙박업체가 많이 있으며, 가격대가 다양하다. 평점과 숙박료는 수시로 변경된다.

케산 DMZ 투어와 새로운 역사 관점 −2일 차

- 관광: 훼
- 거리: 0km
- 누적 거리: 30km

우리나라에만 있는 것으로 알았던 DMZ가 베트남에도 있었다. 오늘은 'DMZ 투어TOUR'라고 이름 붙여진, 베트남 전쟁 당시 많은 미군이 전사해서 미국 내 반전 분위기 확산에 결정적인 역할을 했다는 케산 투어를 다녀왔다. 호주 커플, 독일 여자 2명, 동유럽 여자 1명 이렇게 모두 6명이 아침 7시부터 오후 5시까지 케산 전투 현장을 답사했다. 베트남 전쟁을 지금껏 미국과 한국의 시각에서만 바라봤는데, 오늘은 우리와 치열한 전투를 벌였던 '북베트남' 입장에서 생각해 보는 날이다. 인터넷 검색을 통해서 미리 케산 전투에 대해 학습한 덕분에 베트남 가이드의 설명을 그런대로 이해할 수 있었다. 가이드는 미군의 엄청난 폭격으로 얼마나 많은 베트남 사람들이 죽고 다쳤는지 그리고 케산의 전략적 위치와 당시 치열했던 전투 상황을 열심히 설명했다. 지금은 한적하기 이를 데 없는 케산을 지키려고 미 해병대원들은 북베트남 군인들에 맞서 77일간이나 생사를 넘나드는 치열한 전투를 벌였다. 어느 해병대원의 등에 쓰여 있는 '케산에서 해병대원이 되는 것은 당신 건강에 위험할 것이다'라는 뉴스위크지의 경고 문구가 가슴을 찡하게 만들었다.

해안가에 있는 북베트남군의 동굴을 견학했다. 미군의 공중폭격을 피해서 많은 군인과 가족들이 전기가 들어오지 않는, 좁고 습한 동굴에 생

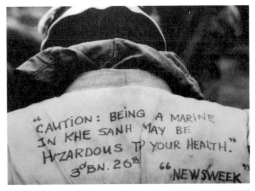

베트남 전쟁 당시 미 해병대의 케산 기지이다.

활했다고 하니, 그들이 얼마나 힘들었을까 상상할 수 있었다. 투어 밴 기사가 서툰 한국말로 필자에게 말을 걸었다. 그는 전북 정읍의 작은 공장에서 4년간 일한 적이 있었다. 한편으로는 반가운 표정으로, 다른 한편으로는 혹시나 해서 머뭇거리는 표정으로 그를 바라보았다. 한국에서 돈을 많이 벌지 못했다며 그는 더는 이야기하고 싶지 않은 듯했다. 오늘 투어비가 미화 25달러이니, 6명의 투어비를 모두 합해봐야 150달러밖에 되지 않는다. 그 돈으로 가이드와 운전기사 수고료, 휘발윳값 그리고 입장료를 제하면 남는 게 없을 듯했다. 어쨌든 'DMZ 투어TOUR'는 투어 참가자에게 새로운 역사관점 제시와 흥미로운 볼거리를 제공했다.

'구름이 낀 바다 고개' 하이반 패스를 넘다 -3일 차

- 이동: 훼 → 다낭
- 거리: 110km
- 누적 거리: 140km

■ 이용 도로

> 훼 → QL49B → QL1A → 랑꼬 만 LangCo Bay →
> 하이반 패스 → QL1A → 다낭

숙소를 나서기 전에 호텔 사장과 비록 말은 통하지 않았지만, 녹차 한 잔하며 대충 웃음으로 서로의 마음을 전했다. 차량 통행이 잦은 QL1A 대신에 조금 돌아가더라도, 남중국해 방향의 QL49B을 이용해서 라이딩을 시작했다. 아침 6시 이전에 출발한 덕분에 가게 문을 열고 장사 준비하는 베트남 사람들의 모습을 볼 수 있었다. 아침을 먹으려고 길가 식당에 들어가니 30대로 보이는 사람이 필자의 앞으로 자리를 옮겼다. 그는 턱을 괴고 앉아서 짧은 영어로 이런저런 질문을 마구 던졌다. 주위 사람들의 시선이 모두 필자에게 집중되니 적지 않게 부담스러웠다.

베트남의 길쭉한 지형적 특성으로 인해서, 자전거 여행자가 선택할 수 있는 도로가 거의 없다는 게 아쉽다. 대부분의 자전거 여행자들은 다낭까지 AH1 도로를 이용해서 가지만, 필자는 차량이 많이 다니는 고속도로 대신 마을과 마을을 이어 주는 골목길과 바다와 호수 주변의 이면도로를 이용해서 라이딩했다. 덕분에 클랙슨을 울리며 쏜살같이 지나가는 트럭

훼에서 하이반 다리로 이어지는 QL49B 도로이다.

이나 버스 대신에 오토바이가 우리와 친구가 되었다.

대체로 이면도로의 포장상태는 양호했지만, My A 지역의 일부 구간은 도로상태가 좋지 않았다. 훼 기점 60km에서 AH1 도로를 만났다. 그곳부터 10여 km 구간은 트럭과 버스에서 내뿜는 매연과 클랙슨 소리가 필자가 베트남에 있다는 것을 실감 나게 해 주었다.

랑꼬 비치

랑꼬는 다낭과 훼의 중간에 있으며, 베트남의 가장 아름다운 해안 곡선상에 자리 잡고 있다. 초록으로 물든 산과 열대림, 햇살이 눈부신 매끄러운 백사장에 수정처럼 맑고 푸른 시원한 바다가 있다. 하롱Ha Long과 냐짱Nha Trang

에 이어 베트남에서는 세 번째로 세계에서 가장 아름다운 30대 베이 목록에 랑꼬의 이름이 올라가 있다. 랑꼬 비치는 백사장의 경사가 완만하고, 여름 평균 기온이 25도를 유지한다.

랑꼬는 훼 중심으로부터 60km 떨어져 있지만, 푸바이Phu Bai 국제공항에서는 40km 거리에 있다. 자동차로 다낭에서 출발하여 랑꼬로 갈 때, 하이반Hai Van 터널을 이용하면 대략 25km가 된다. 그렇지만 약 40km의 옛길을 선택하면 하이반 고개(Hai Van Pass)와 랑꼬 베이의 아름다움과 장엄함을 위에서 내려다보며 감상할 수 있다.

하이반 패스의 시작점에 하이반 대교가 있다.

출처: 네이버 지식백과 등

푸른 물결이 넘실대는 랑꼬 비치의 아름다운 해안을 감상하며 베트남 중부 여행의 하이라이트인 '구름이 낀 바다 고개'라는 뜻의 하이반 패스 High Van Pass 시작점에 도착했다. 하이반 패스는 해수면 높이에서 시작해서 해발고도 474m까지 올라가야 한다. 우리나라 미시령의 해발고도는

하이반 패스의 헤어핀 구간과 바익마 산자락 너머로 멀리 랑꼬비치가 희미하게 보인다.

670m로 하이반 패스보다 높지만, 미시령 옛길 초입과 정상의 고도차가 대략 400여 m로, 하이반 패스의 높이와 비슷했다. 하이반 패스의 초입은 훼 기점 83km이었다. 슬로우 앤 스테이Slow & Steady하게 페달을 밟았다. 대략 시속 7 10km로 1시간 10분 동안 땀 흘리며, 그러면서도 내려다보이는 숨 막히는 바닷가 풍경에 취해서 희희낙락하며 올랐다. 하이반 패스의 오르막 거리는 10km로, 미시령 3.4km보다 3배 정도 길지만, 일부 가파른 구간은 지그재그로 도로를 만들어 놓아서 전체적으로 힘들지 않게 오를 수 있었다. 게다가 트럭이나 버스 등 차량은 대부분 하이반 터널로 지나다니기 때문에 오로지 업힐에만 집중할 수 있었다. 하이반 패스 정상에서는 바닷가 모래사장과 하얀 물거품이 부서지는 랑꼬 비치가 멀리 보였고, 남중국해를 만나서 고개 숙인 바익마Bach Ma 국립공원의 끝자락이 발아래에 깔려 있었다. 그곳은 훼 기점 92.35km이었다.

하이반 패스를 넘으면 다낭Da Nang이 한눈에 들어온다. 고개를 돌려 왼

하이반 패스에서 내려오면 정면으로 다낭이, 왼쪽으로 다낭만의 리아스식 해안이 보인다.

쪽을 바라보면 남중국해의 리아스식 해안이 멋진 자태를 뽐낸다. 경관이 시원스럽고 환상적이다. 고개 정상에서 다낭 도심까지 30여 km는 대부분 내리막인데, 다낭을 바라보면서 다운힐하다보면 마음이 정화되는 것을 충분히 느낄 수 있다. 이렇게 하이반 패스에서 베트남 자전거 여행의 진수를 경험했다. 다낭 해변에는 고운 백사장에 야자수 나무, 비치 파라솔 등이 있어서 필자가 따뜻한 남쪽 나라에 왔다는 것을 실감나게 했다.

┤ 다낭 ├

다낭은 훼Hue의 남동쪽 100km, 호이안Hoi An의 북쪽 30km 거리에 있다. 이곳은 오래전부터 국제무역항으로 발전했고, 이제는 베트남 중부지역의 최대 상업 도시가 되었다.

다낭은 '탁한 하천'이라는 뜻으로, 도심을 흐르는 한강Song Han을 사이에 두고 선짜 반도와 시가지로 구분된다. 베트남 전쟁 당시에 미군의 최대 군사

기지가 있었고, 우리나라의 청룡부대가 주둔했었다. 다낭 부근에는 참파 왕국의 유적인 미선유적지가 있으며, 시내에는 참파의 유물을 전시하는 참박물관과 석조물 300여 점이 남아 있다.

출처: 두산백과

• 다낭 숙소

숙소명	아고다 평점	숙박료
Hyatt Regency Danang Resort and Spa	8.6	205,294원
Novotel Danang Premier Han River	8.6	132,333원
Vanda Hotel	8.7	61,341원
Avora Hotel	9.1	31,441원
Nam Hotel & Spa	8.5	28,627원
Happy Day Hotel Da Nang	7.8	18,808원

*다낭에는 숙박업소가 많이 있으며, 가격대도 다양하다. 평점과 숙박료는 수시로 변경된다.

베트남 숙박시설을 구별하는 방법 -4일 차

- 이동: 다낭 → 호이안
- 거리: 38km
- 누적 거리: 178km

■ 이용 도로

> 다낭 → 미케해변 → 논 눅 비치 → 안방 해변 → 호이안

┤ 호이안 ├

옛날에는 호이안을 '파이포'
라고 불렀으며, 16세기 중
엽 이후 인도, 포르투갈, 프
랑스, 중국, 일본 등 여러 나
라의 상선이 기항해서 무역
도시로 번창했다. 당시에 거
래된 물품은 대부분 도자기
였으며, 일본인 마을이 생겨
날 정도로 일본과 교역이 잦
았다. 지금은 일본인 마을의
흔적으로 내원교라는 돌다
리가 유일하고, 호이안의 도
시 외관은 대부분 중국인에
의해 만들어졌다.

이국적인 투본강변Thu Bon River의 모습이다.

19세기 말, 다낭을 비롯한 다른 항구들이 부상하고 호이안의 역할이 퇴색함

호이안은 다낭에서 30여 km 떨어져 있다. 다낭의 해변을 따라서 남쪽으로 내려가면 호이안이 나오는데, 두 도시 간의 거리가 가까우니 부담 없이 라이딩을 시작했다. 다낭도 경치 좋은 해안가에 큰 호텔들이 자리 잡고 있어서, 호텔을 이용하는 사람들만 호텔 인근의 바닷가 풍경을 감상할 수 있었다. 아침을 먹고 나서 커피를 마시려고 CAFHE라고 쓰인 가게에 들어갔다. 여주인은 필자가 외국인이라는 것을 알아채고는 마치 자신이 베트남 홍보대사라도 되는 것처럼, 커피에 우유를 타는 시범까지 보여주며 필자를 반겼다. 뜻하지 않게 외교사절인 양 융숭한 귀빈 서비스를 받고 커피를 마실 수 있었다. 커피를 다 마시고 커피값을 묻는 질문에 말이 통하지 않으니 그녀는 손가락을 동원했다. 한 손으로는 2, 다른 손으로는 5를 펴 보였다. 25,000동(한화 약 1,250원)을 요구하는 줄 알았다. 이곳의 물가 수준을 고려하면 조금 비싸다는 느낌이 들었지만, 그녀의 친절을 감안하면 적당한 가격이라고 생각했다. 그런데 그녀는 고개를 갸웃거렸다. 필자의 지갑을 힐끔 보더니 위층에 있는 아들을 불렀다. 아들에게서 받은 잔돈을 건네주는데, 잔돈이 너무 많았다. 얼떨결에 받은 잔돈을 세어보니 그녀가 말한 가격은 25,000동이 아닌 7,000동이었다. 한국 돈 350원으로 대단히 만족스러운 서비스를 받았다.

숙박업소에 호텔Hotel 이라는 영어 간판이 걸려 있는 곳도 있지만, 그것보다는 베트남어로 된 간판이 훨씬 많았다. 인터넷으로 숙박시설을 뜻하는 베트남 단어를 검색해 보니 Khach San, Nha Khach, Nha Nghi, Nha Tro 등이 있었다. 우리와는 조금 다르지만 대략 호텔, 모텔, 여관, 여인숙 정도였다. 이 검색 덕분에 숙박업소를 구별하는 능력이 생겼다.

호이안에 다가갈수록 빗줄기가 가늘어지더니, 호이안에 도착했을 때는 시원한 바람이 부는 상쾌한 날씨로 바뀌었다. 소문대로 호이안은 서양 사람들이 가득했다. 베트남은 북쪽의 하롱베이에서부터 남쪽으로 닌빈, 땀꼭, 훼, 다낭, 호이안까지 유명 관광지마다 유럽에서 온 관광객들로 붐볐다. 유럽 사람들은 겨울에 북반부의 혹한을 피해서 물가가 싸고 날씨가

투본강 변의 고풍스러우면서 화려한 야경에 취했다.

따뜻한 동남아로 여행을 많이 온다.

호이안은 과거와 현대가 공존하고, 동양과 서양이 섞여 있다는 점에서는 말레이시아의 말라카와 닮았다는 생각이 들었다. 이 같은 호이안은 중국과 일본, 베트남의 분위기가 물씬 풍기는 동양적이면서, 식민시대의 서양적 체취가 남아 있는 용광로 같은 도시였다. 같은 지역을 계속 맴돌아도 지루하다는 느낌이 들지 않았다. 저녁 식사는 호텔 여직원이 추천한 BA BUOI에서 닭고기 덮밥인 꼼가(COM GA)를 먹으며 호이안의 밤을 느껴 보았다.

처음 베트남에 갈 때 인터넷으로 베트남 관련 정보를 검색해 보니, 바가지와 소매치기를 당했다는 에피소드를 올려놓은 기사가 많았다. 그런 부정적인 정보로 인해서 솔직히 적지 않게 긴장했지만, 베트남 사람들은 소문과 다른 착한 사람들이었다. 설령 그런 피해를 본다 하더라도, 어떤 외국인의 말처럼 "만약 당신이 현지 가격의 2배를 지급하더라도 당신은 베트남에서 무척 행복할 것이다"에 완전히 동의한다. 그만큼 베트남의 물가는 저렴했다. 개인의 경험을 전체적인 현상으로 확대하는 일반화 오류Generalization error라고도 할 수 있겠지만, 필자는 친절한 베트남 사람들 덕분에 즐거운 라이딩을 경험했다.

• 호이안 숙소

숙소명	아고다 평점	숙박료
Hotel Royal Hoi An M Gallery	8.8	125,987원
Kiman Hoi An Hotel and Spa	9.2	32,164원
CoCo Riverside Homestay	9.8	10,300원
Gia Vien Homestay	9.5	8,238원

＊호이안에는 숙박업체가 많이 있으며, 가격대도 다양하다. 평점과 숙박료는 수시로 변경된다.

베트남의 대표 음식 −5일 차

- 이동: 호이안 → 다낭
- 거리: 38km
- 누적 거리: 216km

1) 자전거

- 거리: 38km
- 코스: 호이안 → 안방 해변 → 논 눅 비치 → 미케해변 → 다낭

2) 슬리핑 버스

에덴 트래블 에이전트(Aden Travel Agent)

- 출발시각: 매 정시 (오전 4시 ~ 오후 10시)
- 요금: 110,000동 (약 5,500원, 자전거 적재요금 별도)
- 소요시간: 1시간
- 전화번호: 0510-3863-222

신 투어리스트(The Sinh Tourist)

- 출발시각: 오전 8시30분, 오후 1시45분
- 요금: 99,000동 (약 5,000원, 자전거 적재요금 별도)
- 소요시간: 45분
- 인터넷 주소: http://www.thesinhtourist.vn/

┃ 베트남 대표음식 ┃

쌀국수인 '퍼Pho', 덮밥류를 말하는 '꼼Com', 빵을 말하는 '반미Banh Mi'가 있다.

퍼Pho

'퍼'는 쌀로 만든 납작한 국수로, 베트남 사람들이 가장 많이 먹는 음식이다. 퍼에는 퍼보Pho Bo (쇠고기 쌀국수), 퍼가Pho Ga (닭고기 쌀국수), 퍼하이싼 Pho Hai San (해물 쌀국수) 등이 있다. 지방마다 요리 방식이 다르지만, 국수

위에 고추, 숙주나물, 향채, 라임 등을 곁들여 먹는 것은 동일하다.

분보훼Bun Bo Hue

'분보훼'는 베트남 중부 훼Hue 지방의 전통 명물 쌀국수다. 분 Bun은 퍼보다 굵기가 가늘고 둥근 쌀국수를 말한다. 분보Bun Bo 는 분에 소고기 육수를 붓고 고명을 얹는데, 깔끔하고 매운맛이 우리의 입맛에 잘 맞는다.

꼼Com

'꼼'은 원래 쌀을 뜻하지만, 덮밥이라고 생각하면 된다. 쌀을 주식으로 하는 베트남에서 꼼은 중요한 음식이다. 꼼의 종류로 꼼보Com Bo(쇠고기덮밥), 꼼가Com Ga(닭고기 덮밥), 꼼돔Com Tom(새우 덮밥), 꼼찌엔Com Chien(볶음밥) 등이 있다. 꼼빈전Com Binh dan이라 부르는 대중식당에서 다양한 꼼 요리를 먹을 수 있다.

고이꾸온Goi Cuon

우리에게 잘 알려진 월남쌈이 바로 '고이꾸온'이다. 쌀로 얇게 만든 라이스페이퍼Rice Paper 위에 익히지 않은 상추, 민트 등의 채소와 돼지고기(혹은 닭고기), 새우를 올려놓고 싸서 먹는다. '고이꾸온'은 땅콩이 들어간 된장 소스나 간장에 찍어 먹는다.

짜조Cha Gio

'짜조'는 다진 돼지고기나 새우, 게살 등을 여러 가지 채소와 섞어 라이스페이퍼에 말아서 튀긴 만두로, '고이꾸온'과 비슷하다. '짜조'는 별다른 소스 없

이 그냥 먹기도 하지만, 베트남 생선 간장인 느억맘Nuoc Mam에 찍거나 느억
짬(칠리소스)에 찍어 먹으면 맛이 좋다.

반쎄오(Banh Xeo)

쌀가루 반죽에 각종 채소, 고기, 해산물 등 재료를 얹고 반달 모양으로 접어
부쳐낸 요리가 '반쎄오'이다. 베트남식 해물파전 혹은 빈대떡이다. 요리방법
은 쌀가루와 녹두가루를 코코넛 밀크에 반죽해 크레이프처럼 얇게 부친다.
이어 다진 돼지고기, 새우, 숙주 등을 넣고 향초나 채소 잎에 싸서 젓갈 간장
인 느억맘(Nuoc Mam)에 찍어 먹는다. 베트남 현지의 노점이나 반쎄오 전
문 식당에서 쉽게 접할 수 있는 대중적인 음식이다.

반미(Banh Mi)

100여 년간의 프랑스 식민시대
에 보급된 바게트가 이제는 베
트남의 빼놓을 수 없는 음식이
되었다. 길이 15~30cm 빵을
반으로 갈라서 속에 오믈렛, 치
즈, 말린 돼지고기, 채소, 햄 등
을 넣어 샌드위치처럼 먹는다.

겉은 서구식 바게트처럼 딱딱하지만, 쌀로 만들어서 그 맛이 고소해서 우리
입맛에 잘 맞는다. 필자도 베트남 자전거 여행 중에 반미를 많이 먹었다.

참조: 저스트고(Just go) 등

베트남의 아름다운 해변과 넘쳐나는 서양 관광객

베트남에는 길거리 음식을 포함한 다양한 먹거리가 즐비하고, 세계 6대 해변으로 꼽히는 미케비치와 많은 아름다운 바닷가가 있으며 유네스코 세계문화유산인 호이안을 비롯한 다낭과 나짱 등의 유명 관광지가 있다. 그뿐만 아니라 천년 역사 도시인 하노이와 140여 년간 베트남을 통치했던 응우옌 왕조의 수도였던 훼, 베트남의 경제 수도라고 불리는 호찌민이 각기 독특한 매력을 뽐낸다. 이런 팔색조의 베트남이니 북부의 하노이와 하롱베이에서부터 남쪽의 호찌민까지, 그중 특히 훼, 다낭, 호이안, 나짱, 무이네에는 서양 관광객들로 넘쳐난다.

*본 콘텐츠는 2018년 2월 기준으로 작성되었습니다. 현지 사정에 의해 정보가 달라질 수 있습니다.

Chapter 6.

뚜이호아(1) → 나짱(2) → 판랑(1) → 코탓(1) → 무이네(1) [6박 7일]

파란색 아이콘은 필자가 숙박한 도시 또는 마을이다.

■코스 특징

뚜이호아로부터 30km 지점에 있는 높이 157m 고개만 빼놓고는 대부분의 구간이 평지에 가깝다. 코스 주변에 농지가 많으며 일부 구간은 남중국해의 멋진 풍경을 보여 준다. 판리 쿠아를 지나면 유명한 화이트 샌드듄즈와 레드 샌드듄즈가 나타난다.

• 인천 → 호찌민 직항편

대한항공, 아시아나항공, 베트남항공, 비엣젯항공, 티웨이항공, 중국남방
항공 등

1. 항공편

• 호찌민 → 뚜이 호아 항공편

항공사	출발시간	도착시간	운항일자
비엣젯	07:55	08:55	매일
제스타	15:35	16:45	매주 월, 목, 금, 토, 일

2. 기차편

• 호찌민 → 뚜이 호아 열차편 (베트남 철도 사이트: www.vr.com.vn)

호찌민(사이공) 출발 시각	뚜이 호아 도착 시각
06:00	15:31
09:00	18:29
14:40	01:03
19:30	05:21
22:00	06:56

＊베트남은 한국과 달리 승객이 자전거를 들고 기차에 탈 수 없으며, 수화물 요금을
지불하고 별도로 탁송해야 한다.

• 호찌민 숙소

숙소명	아고다 평점	숙박료
Grand Hotel Saigon	8.4	95,007원
Della Boutique Hotel	9.0	51,005원
Asian Ruby Center Point Hotel	8.0	28,022원
Skygon Hostel	8.1	24,374원

*호찌민에는 숙박업소가 많이 있으며, 가격대도 다양하다. 평점과 숙박료는 수시로 변경된다.

뚜이호아 숙소

숙소명	아고다 평점	숙박료
VietStar Resort & Spa	8.2	79,425원
Kaya Hotel	7.1	33,782원
Hong Ngoc Hotel	6.7	18,342원
Thanh Lam Hotel	9.0	15,694원
Vinh Thuan Hotel	7.4	11,736원

*뚜이호아에는 숙박업소가 그다지 많지 않다. 평점과 숙박료는 수시로 변경된다.

봄, 여름, 가을이 공존하는 베트남 자연환경 -1일 차

- 이동: 뚜이 호아Tuy Hoa － 나짱Nha Trang
- 거리: 125km
- 누적 거리: 125km

뚜이 호아 → QL29 → QL1A → QL1C→ 나짱 (나트랑)

| **나짱**(나트랑의 현지 발음) |

나짱은 호찌민에서 북동쪽으로 약 450km 정도 떨어져 있으며, 2005년 기준으로 인구가 35만 명인 휴양 도시이다. 나짱은 동양의 나폴리라고 할 수 있을 정도로 끝없이 펼쳐진 백사장과 푸른 바다를 자랑하는데, 특히 빈펄 나짱 랜드Vinpearl Nha trang Land가 유명하다. 빈펄 섬으로 들어가는 방법은 케이블카와 스피드보트가 있는데, 빈펄 투숙객은 언제든 섬 출입이 가능하며 놀이동산과 워터파크를 무료로 이용할 수 있다.

출처: 위키백과

어젯밤을 보낸 뚜이호아의 홍응옥Hong Ngoc 호텔은 아고다 평점은 낮아도 5성급 못지않은 시설을 갖추고 있었고, 숙박료는 한국 돈으로 2만 원이 채 되지 않았다. 우리나라에서 하루 묵을 호텔 비용으로 이곳에서 10일이나 묵을 수 있다는 계산이 나온다. 흔히 여행지와 관광지의 물가와 인심이 다르다고 하는데, 베트남의 중소 도시 장터에 나가보면 현지인들이 사고 파는 가격으로 생필품을 살 수 있다. 한국에서는 상상할 수 없을 정도로 저렴하다. 게다가 시골의 푸짐함과 포근함을 덤으로 받을 수 있다.

뚜이호아에서 30km 정도 주행하니 큰 고개가 나왔다. 사전 정보 없이 이 고개에 올랐다면 힘들고 시루했겠지만, 인터넷에서 끝없이 이어지는 오르막이라는 정보를 확인하고 마음의 준비를 한 탓인지 힘들지는 않았다. GPS로 확인한 실제 고도는 157m에 불과했지만, 고개 정상에 올랐을

나짱 해안가 풍경이다.

때는 벌어진 입을 다물지 못했다. 고개 너머로 넋이 나갈 정도로 황홀한 바닷가 풍경이 펼쳐져 있었다. 조물주가 어떻게 저토록 멋진 해안을 만들어 놓았는지 놀라웠다. 탁 트인 시원스러운 해안가 풍경과 살랑살랑 부는 바람이 업힐하면서 흘린 땀까지 식혀 주니, 기분이 절로 상쾌해졌다. 기쁨과 환희도 극에 달하면 눈물이 나는 법, 때마침 MP3에서 흘러나오는 노래에 눈물이 고였다.

같은 동네에 봄, 여름, 가을이 있었다. 어떤 논에서는 모내기를 하고 있는가 하면, 그 옆의 논에서는 벼들이 싱그럽게 자라고 있고, 또 다른 논에서는 추수를 기다리는 듯 고개 숙인 황금색 이삭들을 보여 주고 있었다. 자연환경으로 보면 베트남은 분명 축복 받은 나라였다.

베트남의 남부 지방은 12월이라도 더웠다. 오르막을 오를 때는 도로에서 뿜어대는 지열과 더워진 체온이 서로 상승작용을 일으켰다. 시원한 콜라 생각이 간절했다. 뚜이호아에서부터 110km 지점에 '달랏(QL1A →

QL27C)'과 '나짱(QL1C)'의 분기점이 있었다. '달랏'에 볼거리가 많다고 여러 사람이 추천했지만, '나짱'과 '무이네'를 포기할 수 없어서 '나짱'으로 향하는 QL1C 도로를 선택했다.

베트남 전쟁 당시, 우리나라 청룡부대가 주둔했던 나짱(나트랑의 현지 발음)에 가까워지니 바람이 심술을 부렸다. 조금 전까지는 얼른 가라고 등을 밀어주더니, 정작 나짱에 가까워지니 이제는 오지 말라고 필자를 밀어냈다. 알 수 없는 게 갈대와 여자 마음이라고 했는데, 거기에 베트남의 바람도 포함해야 할 듯싶었다. 나짱을 보는 순간, 관광객들이 왜 나짱에 열광하는지 알 것 같았다. 첫인상부터 예사롭지 않았다. 바닷가 풍경과 산책하는 사람들, 정박해 있는 배의 모습, 그리고 열대지방의 풍경 등이 한데 어우러진 매혹적인 도시였다.

나짱 입성을 기념하는 의미로 킹크랩과 치즈를 바른 오이스터, 갈릭 볶음밥을 주문했다. 혼자서 2인분의 식사와 흑맥주를 마셔가며 나짱에서의 첫날밤을 자축했다.

• 나짱 숙소

숙소명	아고다 평점	숙박료
Havana Nha Trang Hotel	8.7	151,052원
An Vista Hotel	8.7	58,858원
Truong Giang Hotel Nha Trang	8.2	12,241원
Thinh Le Guest House	8.6	10,300원

*나짱에는 숙박업체가 많이 있으며, 가격대도 다양하다. 평점과 숙박료는 수시로 변경된다.

나짱의 북쪽과 남쪽 호텔의 차이 -2일 차

- 관광: 나짱 Nha Trang
- 거리: 20km
- 누적 거리: 145km

유명 관광지인 나짱에서 하루 쉬기로 했다. 거리를 산책하다 보니 커피를 마시는 젊은 사람들로 가득 찬 카페가 눈에 띄었다. '코코넛 커피'라는 간판이 걸려 있는 커피숍이었다. '코코넛 커피'가 어떤 맛일지 호기심이 생겨서 카페 안으로 들어갔다. 주문받으러 온 종업원에게 메뉴판도 보지 않고 '코코넛 커피'를 주문하니까, 종업원은 뜨악한 표정을 지었다. 주문을 잘못했나 싶어서 메뉴판을 보니 '코코넛 커피'는 이 카페의 상호지, 커피 종류가 아니었다.

나짱의 해변을 따라서 호텔들이 쭉 들어서 있었다. 북쪽에는 시설 좋은 호텔들이 자리 잡았고, 남쪽으로 내려올수록 저렴한 호텔들이 있었다. 큰 호텔은 건너편의 바닷가에 자체 파라솔과 선베드를 설치해서 투숙객들에게 제공했지만, 필자가 묵고 있는 나짱 남쪽의 저렴한 호텔들은 그런 서비스가 없었다. 필자는 한국에서 갈고닦은 수영 실력을 뽐내러 바다로 나갔지만, 파도가 높고 물이 맑지 않아서 수영하는 것을 포기했다. 대신 숙소에서 세제를 풀어 자전거를 깨끗하게 세차했다.

• 나짱 숙소

숙소명	아고다 평점	숙박료
Havana Nha Trang Hotel	8.7	151,052원
An Vista Hotel	8.7	58,858원
Truong Giang Hotel Nha Trang	8.2	12,241원
Thinh Le Guest House	8.6	10,300원

＊나짱에는 숙박업체가 많이 있으며, 가격대도 다양하다. 평점과 숙박료는 수시로 변경된다.

┤ 달랏 찾아가기 ├

1) IN & OUT

• **들어갈 때:** 나짱과 달랏 간을 운행하는 푸타버스의 터미널이 나짱에 있다. 위치는 나짱 경기장 인근이다. 버스에 자전거를 실을 때는 버스 출발 한 시간 이전에 도착해야 한다. 자전거를 수화물로 취급하기 때문에 싣는 절차가 별도로 필요하기 때문이다. 나짱에서 달랏까지 4~5시간이 소요되며, 승객 요금은 125,000동, 자전거 운송비는 110,000동이다.

• 나갈 때: 달랏 → 판랑Phan Rang (라이딩 거리 : 112km)

달랏에서 판랑까지 자전거를 타고 이동한다. 달랏의 해발고도는 1,450m이며, 판랑은 도시 높이가 해수면 높이와 같다. 다만 달랏 기점 27km 지점의 고도 1,600m 고개까지는 오르막과 내리막의 연속이다. 물론 그 후로는 내리막이다.

2) 볼거리

• 클레이지 하우스Crazy House (입장료 50,000동)

클레이지 하우스는 건물은 이래야 한다는 기존의 사고방식을 뛰어넘는, 지금까지의 건물과는 차별화된 형태와 구조이다. 스페인 가우디의 영향을 받은 듯한 이 괴이한 건물은 모스크바 대학에서 건축학을 전공한 당 비엣 응아(Dang Viet Nga)가 1990년부터 조금씩 짓기 시작해서 아직 공사가 진행 중이고 2020년쯤에 완공된다고 한다.

• 달랏 기차역 (입장료 5,000동)

기차역에서 입장료를 받다니 처음에는 어이가 없었지만, 역사 안으로 들어가 보니 입장료 받는 게 조금은 이해가 되었다. 달

랏역은 여러 가지 볼거리가 있었다.

• 꽃정원 Flower Garden (입장료 40,000동)

쑤언흐엉 호수Xuan Huong
Lake 북쪽에 있는 꽃 정원
은 각종 분재와 이름 모를
꽃들, 호수와 풍차가 조화
를 이루었다. 베트남 전쟁
중에 미군과 베트콩이 달

랏의 꽃을 보호하기 위해서 이곳을 공격하지 않았다고 한다.

나짱에서 길을 잃다 -3일 차

- 이동: 나짱 → 판랑Phan Rang
- 거리: 96km
- 누적 거리: 241km

■ 이용 도로

나짱 → DT6571 → QL1A → 판랑

아침에 여장을 꾸리다 보면 어떨 때는 새로운 경험을 한다는 설렘이 있
지만, 간혹 무슨 일이 발생할 수도 있다는 두려움이 들 때가 있다. 그런

베트남 어민의 고기잡이 배인 광주리 모양의 카이퉁 이다.

느낌은 주로 숙소 출발 전에 점검하는 당일의 주행거리와 코스, 도로 상황 등에서 비롯된다. 오늘은 복잡한 나짱 시내를 빠져나가야 하는데, 어제 실시했던 사전 답사가 무색할 정도로 길을 잃고 말았다. 하루가 지나지 않았는데 나짱의 혼잡한 도로와 복잡한 코스 때문에 기억이 나지 않아서 결국, 내비게이션을 작동하고, 육감을 동원하고 나서야 겨우 방향을 잡을 수 있었다.

나짱을 벗어나니 뒤바람까지 불어서 순풍에 돛단배처럼 힘들이지 않고도 쾌속 질주할 수 있었다. 보통은 17~18km로 자전거 속도를 유지하는데, 오늘은 23km가 넘었다. 이런 정도의 바람이 만약 정면에서 분다면 속도가 얼마나 나올까 궁금해서 반대방향으로 달려보니 시속 13km를 넘기기 힘들었다. 물 들어올 때 노 저으라는 격언처럼 열심히 자전거 바퀴를 돌리니 정오가 되기 전에 주행거리 100km를 돌파했다.

• 판랑 숙소

숙소명	아고다 평점	숙박료
Gold Rooster – Con Ga Vang Resort	7.0	49,232원
Hon Co Co Na Resort	7.6	32,097원
Hong Duc 2 Hotel	7.9	20,853원
Hoang Nhan Hotel	8.0	12,638원

＊판랑에는 숙박업소가 몇 곳 있다.

판랑 남쪽의 해안도로는 환상적이었다 –4일 차

- 이동: 판랑Phan Rang → 코탓Co Thach
- 거리: 82km
- 누적 거리: 323km

■ 이용 도로

> 판랑 타참 → Pham Van Dong → Durong ven bien Ninh Thuan
> → QL1A → Vo Thi Sau → 코탓

4년 전의 베트남과 2018년의 베트남은 몇 가지 다른 점이 있었다. 우선 크게 다른 점은 도로의 차선이었다. 과거에는 우리나라의 경부고속도로에 해당하는 AH1 도로도 2차선 구간이 많았는데, 지금은 모두 4차선이었다. 또한, 과거에는 중앙분리대가 없어서 중앙선을 넘어서 추월하는

좁은 동네길이 4차선 대로로 확장되었다.

차량이 적지 않았는데, 지금은 거의 모든 구간에 중앙분리대가 설치되어 있었다. 그러다 보니 경적 소리도 줄었다. 4년 전에는 시도 때도 없이 내가 가니 조심하라는 의미의 경적을 경쟁적으로 울렸는데, 지금은 운전자들이 자제하는 모습을 보여 주었다.

판랑에서 AH1 두루를 타지 않고 해안도로를 타며 라이딩을 시작했다. 통행 차량이 적으니 기분 좋게 라이딩을 즐길 수 있었다. 판랑 기점 25km부터 해안도로가 절경이었다. 마치 미국 애리조나의 황무지에 와 있는 듯한 분위기였다. 모래 언덕과 화강암이 섞인 지형이 남중국해와 만났다. 쉽게 볼 수 없는 풍광이었다. 그곳에서 벨기에와 프랑스 커플을 만났다. 필립과 로헨나는 하노이에서부터 태국 치앙마이까지 자전거로 넘어갈 계획이라고 하니, 그들의 안전한 라이딩을 빌어 주었다. 해안도로는 판랑 기점 47km 지점에서 AH1 도로와 만났다.

빗속에서 자전거 탈 때는 불볕더위 속 라이딩을 그리워하지만, 막상 땡볕 라이딩을 하다 보면 우중 라이딩이 한없이 그리워진다. 12월의 베트

새로 개통한 판랑 남쪽의 해안도로가 절경이었다.

남 남부지역은 북부와 달리 더웠다. 필자가 더위를 먹었는지 계속 물을
섭취했는데도 땀을 많이 흘려서 소변은 나오지 않고 갈증만 일어났다. 휴
게소에 들러서 1.5L 생수 2통과 얼음을 먹어도 소용이 없었다. 살아온 지
난 60년 동안 여름과 가을 다음에 항상 추운 겨울이 왔는데, 올해는 왜
다시 여름이 왔느냐고 온몸이 격하게 항의하는 것 같았다. 오늘은 자전

멀리 보이는 작은 마을이 카나Ca Na이다.

동남아시아를 자전거 여행 중인 벨기에와 프
랑스 커플을 만났다.

어제 빨래해서 오늘 입은 반바지가 하루 만에 땀에 절어서 하얗게 변한다.

거 여행자에게 공포의 대상인 컨테이너 트럭이 필자의 옆으로 지나가기를 기다렸다. 컨테이너 차량은 길이가 길어서 상대적으로 긴 시간 그림자를 만들어 주기 때문이다.

판랑 기점 74km 지점에서 애증의 AH1 도로와 이별하고 코탓Co Thach으로 들어왔다. 오늘의 숙소는 해안가에 있었다.

┤ 코탓 숙소 ├

코탓에는 Hotel LINH VU (전화번호 252-3856-012) 외 Bay Hiep Motel, Nha Nghi Thach Thao등 숙박시설이 있다.

베트남의 미래를 위한 과감한 인프라 투자 -5일 차

- 이동: 코탓Co Thach → 무이네Mui Ne
- 거리: 78km
- 누적 거리: 401km

■ 이용 도로

코탓 → DT716 → DT716B → 화이트 샌드듄즈 → DT716
→ 레드 샌드듄즈 → 무이네

화이트 샌드 듄즈White Sand Dunes 인근의 소로(小路)가 넓게 확장되었다. 아직 이용하는 차량이 많지 않지만, 베트남의 미래를 위한 과감한 인프라 투자가 인상적이었다.

오늘은 화이트 샌드듄즈와 레드 샌드듄즈를 거쳐서 무이네로 가는 여정이다. 필자는 4년 전 화이트 샌드 듄즈로 가면서 어리둥절했던 기억이 있다. 베트남에도 한국처럼 눈이 내린 듯, 도로 주변으로 흰 모래가 수북이 쌓여 있었다. 그때 보았던 작고 운치 있던 도로는 널찍하고 시원스러운 4차선 도로로 탈바꿈했다. 역시 바닷가 모래가 바람에 날려서 만들어진 흰 모래 언덕은 다시봐도 놀라움이었다.

점심 식사 후에 해먹에 누워서 휴식을 취하다가 이번 여행의 목적지인 무이네로 향했다. 당초에 판티엣까지 가려고 했지만, 동반자의 요청이 있어서 무이네로 종착지를 변경했다. 무이네에 도착하자마자 호찌민까지 타고 갈 버스 편을 예매하러 갔다. 어제까지는 판티엣 기차역에서 기차를

고기잡이 어선이 빼곡한 바닷가 휴게소에서 해먹에 누워 휴식을 취했다.

타고 호찌민으로 가려고 했는데, 동반자가 호찌민에서 하루 더 묵고 싶어했다.

푸타 버스Futa Bus Lines 여직원과는 대화가 되지 않았다. 자신이 제시하는 안(案)을 무조건 받아들여야 한다고 하니, 협상의 여지가 전혀 없었다. 우리는 내일 오전 9시 버스로 떠나고, 자전거는 모레 밤 11시에 호찌민 버스 터미널로 찾으러 가라는 것이다. 황당한 이야기이었지만, 그녀는 자신의 제안을 양보할 생각이 전혀 없었다. 모레 밤 11시에 자전거가 확실히 도착하는지도 알 수 없는데 필자는 '을'일 뿐이니 그대로 받아들여야 했다. 무이네와 호찌민 간의 거리는 대략 200km인데, 버스로 7시간이 걸린다는 것도 이해가 되지 않았다. 아침 9시에 무이네를 출발해서 오후 4시에 호찌민에 도착한다니, 버스가 딱 자전거 속도로 달리는 셈이다.

푸타버스(https://futabus.vn)는 오전 7시부터 오후 4시까지 거의 한 시간 간격으로 무이네와 호찌민을 왕복한다.

오늘 만난 베트남 사람에게서 계속 좌절감을 느꼈다. 새삼 베트남 사람들이 융통성이 없다는 것을 실감한 하루였다. 미리 검색해 놓았던 무이네의 숙소로 가서 숙박비를 지급하고 체크인까지 마쳤는데, 자전거 보관 때문에 문제가 생겼다. 프런트 여직원은 자전거를 도로변 오토바이 주차장에 세워 두라고 했다. 필자는 건물 내의 적당한 장소에 두겠다고 했지만, 자신의 보스가 그걸 원하지 않는다는 이유로 끝까지 거절했다. 결국, 체크인을 취소하고 이웃의 다른 게스트하우스로 옮겼다. 새로 옮긴 숙소는 숙박비가 270,000동으로 저렴했고 자전거도 숙소 내에 보관할 수 있었다. 저녁 식사하러 레스토랑에 가서 피자 두 판을 주문했다. 얼마의 시간이 흐르고 주문한 피자가 나왔다. 피자를 쉽게 먹으려고 포크를 달라고 요청하니, 피자 먹는 사람에게는 포크를 제공하지 않는단다. 그것은 레스

토랑의 규칙이란다. 다들 손으로 먹으니 우리도 손으로 먹으라는 것이었
다. 기가 막힐 노릇이었다. 옆 좌석에서 이 광경을 지켜보던 러시아 남자
가 같은 러시아 출신의 레스토랑 주인에게 가서 뭐라고 이야기하니 그제
야 포크를 내주었다.

┤ 무이네 ├

도시민을 위한 한적한 휴양
지인 무이네는 호찌민에서
자동차로 약 4시간이 걸린
다. 길이가 약 10km에 이
르는 긴 해변을 따라 소규모
의 리조트, 호텔, 레스토랑
등이 들어서 있다. 파도가
거칠고 높아서 윈드서핑하거나 바다를 바라보며 휴식을 취하기에 적합하다.

출처: 두산백과 FN,IOY베트남 등

• **무이네 숙소**

숙소명	아고다 평점	숙박료
The Cliff Resort and Residences	8.7	124,185원
Lotus Village Resort – Muine	8.0	48,754원
Minh Anh Garden Hotel	9.1	16,827원
Cocosand Hotel	9.0	15,891원
Quoc Dinh Guesthouse	9.1	12,968원

*무이네에는 숙박업소가 많이 있으며, 가격대도 다양하다. 평점과 숙박료는 수시로
변경된다.

• 판티엣 숙소

숙소명	아고다 평점	숙박료
The Cliff Resort and Residence	8.7	97,631원
Poshanu Resort	8.7	63,552원
Bao Quynh Bungalow	8.4	37,759원
Ananda Resort	8.2	27,362원

＊무이네에서 판티엣까지의 거리는 약 20km로, 판티엣까지 간 다음에 호치민으로 이동할 수도 있다. 판티엣에는 숙박업소가 많이 있으며, 가격대도 다양하다. 평점과 숙박료는 수시로 변경된다.

• 판티엣 → 호찌민 기차편(http://dsvn.vn/#/)

> 판티엣 출발 13:15 → 호찌민 도착 17:01

• 호찌민 → 인천 직항편

> 대한항공, 아시아나항공, 베트남항공, 비엣젯항공, 티웨이항공, 중국남방항공 등

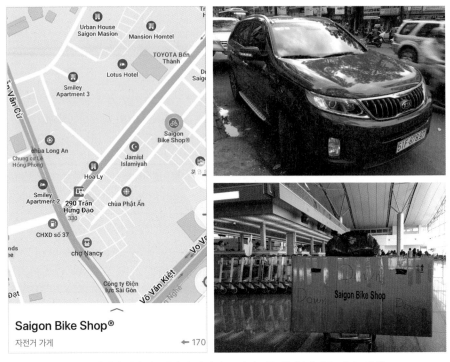

Saigon Bike Shop®
자전거 가게   ← 170

호찌민에는 자전거 가게가 많은데, 필자가 자전거 포장박스를 샀던 '사이공 바이크숍'은
자신들이 박스를 만들어서 20만 동에 판매했다.

슬리핑 버스 유감

필자는 라오스 비엔티안에서부터 베트남 훼까지 국제 장거리 버스 (일
명 슬리핑 버스)를 타고 국경을 넘은 적이 있다. 보통은 22시간이 걸리는
데 필자는 운 좋게도 18시간만에 도착했다. 그런데 워낙 장거리를 운행
하니 그 버스에는 운전자와 교대 운전자를 포함해서 승무원 4~5명이 탑
승했다. 이들의 불친절은 악명이 높았다. 말이 버스 승무원이지 깡패와
다름없었다.

버스에서 한국 드라마를 보고 있는 여자 승객이 있었다.

　버스 출발 시간이 돼서 우리는 버스에 올랐다. 좌석번호가 지정되지 않아서 마음에 드는 편한 자리에 앉으려니 한 승무원이 거칠게 달려와서 우리에게 버스 맨 뒷좌석으로 가라고 했다. 그의 청을 거부하니까 다른 승무원이 와서 똑같은 이야기를 반복했다. 하는 수 없이 뒷좌석에 가보았다. 폭이 좁은 선베드 같은 의자 5개가 나란히 있었다. 그런 좌석에서는 도저히 한 시간도 버티기 힘들 것 같았다. 승무원에게 가서 앞 좌석으로 옮기겠다고 이야기해도 전혀 통하지 않았다. 승객 좌석을 배정하는 승무원에게 가서 강력히 항의하자, 버스요금으로 35만낍(약 45,700원)을 낸 사람의 좌석 표시를 보여 주었다. 우리는 25만낍(약 32,700원)을 냈다.

그러면서 우리에게 뒤로 가라는 것이었다. 버스 좌석표에는 20만낍(약 26,100원)을 낸 사람도 많았고 그들은 버스 중간 좌석에 앉아 있었다. 아무리 항의해도 막무가내였다. 그들은 우리에게 폭력을 행사할 듯 덤볐다. 도저히 뒷좌석에서 20시간 넘게 갈 생각을 하니 절박함이 느껴졌다. 순간 뇌물을 주면 어떨까 하는 생각이 떠올랐다. 다시 그들에게 가서 승객 1인당 10달러를 주겠다고 하니, 그들의 표정이 환해졌다. 승무원들의 마음이 바뀐 것이다. 유전무죄의 어두운 좌석 배정 세계의 모습을 보았다. 거기에 우리는 외국인이라고 더 차별을 받았다. 세상천지에 이런 후진적 승객 서비스가 어디 있나 싶었다.

지옥이 끝난 것이 아니었다. 버스가 출발하니 또 다른 악몽이 시작되었다. 버스 안에는 고막이 터질 것 같은 노랫소리가 진동했다. 거기에 음악 소리에 맞춰 모니터 화면도 밝았다 어둡기를 반복하니 정신이 사나워서 견딜 수가 없었다. 22시간 동안 갇힌 공간에서 고막을 뒤흔드는 불쾌한 노랫소리와 번쩍거리는 불빛을 견뎌야 하는 게 고문이었다. 하지만 누구 하나 항의하는 사람이 없었다. 참으로 베트남 사람들은 순종적이었다. 두 번 다시 경험하고 싶지 않은 논 슬리핑 버스Non-Sleeping Bus였다. 다행히 2시간여의 주행 끝에 들른 휴게소에서 승무원들에게 제발 음악 볼륨을 줄여달라고 부탁해서 최악의 상황을 벗어날 수 있었다.

＊본 콘텐츠는 2018년 2월 기준으로 작성되었습니다. 현지 사정에 의해 정보가 달라질 수 있습니다.

라오스 자전거 여행

■ 라오스는 어떤 나라일까?

라오스인은 무엇으로 사는가? '욕망이 멈추는 곳' 라오스는 어떤 곳일까? 필자가 보고 싶은 것은 라오스의 겉모습이 아니라 그 뒤에 숨어 있는 실상이었다. 미지의 세계, 라오스 자전거 여행은 생각만으로도 설레기 충분했다.

동남아시아 유일의 내륙국가인 라오스는 총면적 236,800km² 중 약 70%가 산지이다. 북쪽으로는 중국(416km), 북서쪽으로는 미얀마(236km), 서쪽으로는 태국(1,835km), 남쪽으로는 캄보디아(492km), 동쪽으로는 베트남(1,957km)과 국경을 접하고 있다. 중국 윈난성에서 발원해서 베트남에 이르기까지 약 4,200km를 흐르는 메콩강의 1,898km 구간이 라오스를 북쪽에서 남쪽으로 관통한다. 메콩강은 라오스 남쪽에서 폭 20km로 넓어지고, 라오스 620만 명의 인구 중에서 53% 이상이 메콩강 주변에 거주한다.

불교는 라오스 국민의 90%가 믿는 종교이다. 라오스 여성들은 매일 아침 승려에게 보시하는데, 이것은 윤회를 벗어나기 위해 공덕을 쌓는 행위라고 믿는다. 라오스 남성들은 평생에 짧은 기간이라도 한 번은 승려가 되어야 하는데 전통적으로 우기 약 3개월 동안 사원에 머물며 승려 생활을 한다. 하지만 이것도 오늘날에는 1~2주 정도까지 기간이 단축되었다.

라오스 사람들은 합장한 손이 몸에 닿지 않게 가슴 앞에 놓고 인사한다. 이것은 '놉Nop'이라는 전통 인사법으로, 손을 높게 할수록 더 깊은 존경을 나타내지만 코보다 높게 해서는 안 된다. 이렇게 두 손을 모은 상태에서 "싸바이디Sa Bai Dee"라고 말한다.

참조: 라오스 관광청

Chapter 7.

루앙프라방(2) → 키우카참(1) → 카시(1) → 방비엥(2) →
방몬(1) → 비엔티안(2) [9박 10일]

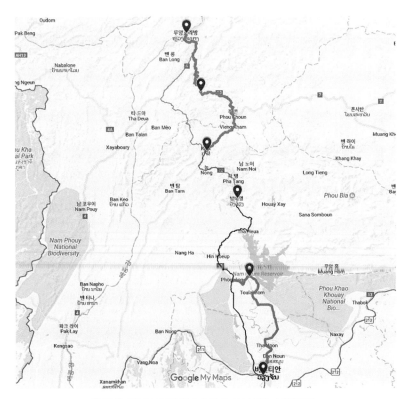

빨간색 아이콘은 필자가 숙박한 도시 또는 마을이다.

■코스 특징

1) 루앙프라방 → 방비엥 (거리 220km)

루앙프라방(해발고도 300m)에서 4번 도로와 13번 도로가 갈라지는 시양

응우엔Xiang Ngeun(루앙프라방 기점 24km)까지는 중간에 고도 458m 고개만 있을 뿐 완만하다. 이후 루앙프라방에서 39km 지점에 있는 해발고도 1,056m 산으로 올라가야 하며, 산 정상에서 15km를 다운힐하여 다시 해발고도 360m까지 내려간다. 이후 밍강Nam Ming 부근의 살라밍Sala Ming에서 산 능선을 타고 18km를 업힐하면 해발고도 1,424m의 포캄Pho Kham에 당도한다. 이곳이 13번 도로의 최고(最高) 지점이다. 이후 푸콘Phou Khoun을 거쳐서 루앙프라방 기점 57km까지 오르막과 내리막이 반복된다. 카시Kasi는 루앙프라방에서부터 129km 지점에 있다. 따라서 루앙프라방에서 카시까지 하루에 가기는 어렵고, 키우카참Kioukacham에서 하룻밤을 묵으면 좋다. 카시에서 방비엥까지의 거리는 57km이며 중간에 높이 793m(고도차 300m) 산이 있을 뿐 나머지 구간은 대부분 평탄하다.

2) 방비엥 → 비엔티안 (거리 189km)

방비엥에서 13번 도로로 남하하면 84km 지점에 폰홍Phonhong이 있다. 이곳에서 좌측의 10번 도로로 들어가면 탈랏Talat이 나온다. 이 구간은 20여 km가 아직 비포장으로 남아 있지만, 13번 도로보다 차량통행이 적은 이점과 주변에 남늠저수지Nam Ngum Reservoir가 있어서 경관이 뛰어난 장점이 있다. 이 도로의 높낮이는 거의 없고 남늠저수지 부근에 고도 330m 고개가 있을 뿐이다.

• 인천 → 루앙프라방 경유 항공편 (소요시간: 8시간부터)

> • 인천 → (베트남 항공) → 하노이 → (라오항공) → 루앙프라방
>
> • 인천 → (에어아시아) → KL → (에어아시아) → 루앙프라방

- 인천 → (라오항공) → 비엔티안 → (라오항공) → 루앙프라방
- 인천 → (비엣젯항공) → 하노이 → (라오항공) → 루앙프라방

4번 도로 또는 13번 도로?

루앙프라방에서 카시Kasi까지 가는 코스는 구(舊)도로(13번, 파란색)와 신(新)도로(4번), 두 가지가 있다. 구(舊)도로는 신(新)도로 보다 거리가 37km 길지만, 최고(最高) 해발고도는 500여 m나 낮아서 고민 끝에 구(舊)도로를 선택했다. 더욱 중요한 것은 신(新)도로는 개통된 지 얼마 되지 않아서 상권이 형성되지 않았고 구(舊)도로변에는 아직 숙박시설이나 음식점 등이 남아 있다.

라오스 소수민족

라오스에는 공식적으로 49개 종족이 있으며, 크게 라오룸, 라오퉁, 라오숭으로 나뉜다. 라오룸은 '저지대 라오족'이라는 뜻으로 전체 인구의 절반을 차지하며, 이들은 주로 메콩강 유역에서 수전농에 종사한다. 라오퉁은 '구릉지 라오족'으로 30%를 차지하며, 주로 화전농에 종사한다. 라오숭은 '산악지 라오족'으로 10%를 점유한다. 이 라오숭은 라오스 내전 당시 정부군과 혁명군으로 나뉘어 서로 싸우다가 많은 사람이 희생되었다. 특히 라오숭 가운데 몽족은 인도차이나 전쟁 당시 미국에 협조적이었다는 이유로 전쟁이 끝난 뒤 상당수가 해외로 망명해야 했다.

루앙프라방 출 · 도착 버스

- 루앙프라방에서 출발하는 국제버스
  - 중국 쿤밍: 매일 1회 (24시간 소요)
  - 베트남 하노이: 매일 1회 (24시간 소요)

- 베트남 빈: 매일 1회 (16시간 소요)

- 태국 치앙마이: 매일 1회 (20시간 소요)

루앙프라방과 탁밧 −1 & 2일 차

■ **관광: 루앙프라방**

┤ **루앙프라방** ├

뉴욕타임스가 선정한 '2008년 꼭 가봐야 할 여행지' 1위로 뽑혔던 루앙프라방은 라오스 북부에 있는 인구 63,000명의 작은 도시이다. 루앙프라방은 메콩강과 칸강이 교차하며, 멀리 뒤쪽으로 산들이 켜켜이 자리를 잡고 있다. 루앙프라방 하면 주홍색 장삼을 걸친 스님들의 탁발 모습이 떠오르는데, 이곳에는 1560년에 지어진 왓 시엥 통Wat Xieng Thong 사원을 비롯한 유서 깊은 사원이 많다. 1995년에는 도시 전체가 유네스코 세계문화유산으로 지정되었다.

메콩강에서 가져온 10만 개의 돌로 만들어진 왓 쎈Wat Sen 사원이다.

꽝시 폭포는 울창한 숲속에 에메랄드 빛깔의 아름다운 계곡과 다양한 형태의 폭포를 자랑한다.

탁밧(Tak Bat)

우리말로 탁발 이라고 하는 탁밧은 승려들의 아침 공양의식이자 수행이다. 이때만큼은 조용한 루앙프라방의 모습은 온데간데없이 사라진다. 라오스 수도인 비엔티안에서는 1년에 한두 번 볼 수 있는 탁밧을 루앙프라방에서는 매일 볼 수 있다. 하루도 쉬지 않고 매일 새벽 탁밧 행렬이 이어진다. 탁밧은 해 뜨는 시간에 맞춰 사원에서 북을 울리면 시작된다. 이때부터 스님들 수백 명이 마을을 돌며 거리에서 공양하는데, 사람들은 골목마다 자리를 깔고 무릎을 꿇은 채 스님들을 기다린다. 길 저편에서 붉은 장삼을 입은 맨발의 스님들이 바리때를 메고 독경을 읊조리며 천천히 걸어온다. 가장 나이 많은 스님이 선두에 서고, 그 뒤는 서열에 따라 순서가 결정된다. 사람들은 준비해 온 찰밥을 조금씩 떼어 스님들에게 공양한다. 루앙프라방에는 사원만 80개 있고, 스님은 1,000여 명이다. 탁밧 행렬에 300~500명의 승려가 참여하

니 절반 정도의 스님이 공
양에 나서는 셈이다. 탁밧
의 진정한 의미는 받은 것
을 나누는 것이다. 시주를
받은 스님은 그 음식을 다
시 가난한 이들에게 나누어
준다. 이렇게 매일 나눔을

실천하는 것을 보는 것만으로도 루앙프라방을 찾는 충분한 이유가 된다.

• **루앙프라방 숙소**

숙소명	아고다 평점	숙박료
My Dream Boutique Resort	8.9	52,088 원
Le Bougainvillier	9.3	42,560 원
Villa Ban Phanluang	8.6	23,923 원
Villa Philaylack	8.1	12,786 원

＊루앙프라방에는 숙박업소가 많이 있으며, 가격대도 다양하다. 평점과 숙박료는 수
시로 변경된다.

키우카참에 게스트하우스가 있었다 -3일 차

• 이동: 루앙프라방 → 키우카참

• 거리: 79km

• 누적 거리: 79km

루잉프라방 → 13번 도로 → Xiang Ngeun → 13번 도로 → 살라밍 → 13번 도로 → 키우카참

루앙프라방에서 방비엥으로 가려면 반드시 넘어야 하는 고개가 있다. 이 지역의 국내외 자전거 여행 정보를 인터넷으로 검색한 결과, 높은 해발고도로 인한 체력적인 어려움 이외에 중요한 문제가 따로 있었다. 몇 년 전에 루앙프라방과 카시를 잇는 신도로가 개통되면서 통행 차량이 적어진 구도로 주변에 여전히 숙박시설이 존재하는지 여부였다. 이런 불확실성으로 인해서 대부분 일행이 이 구간의 자전거 라이딩을 포기하고 자동차를 렌트해서 건너뛰기로 했다. 그들은 필자에게 산을 넘다가 배고프면 먹으라고 햇반, 라면, 김자반 등의 비상식량을 넘겨주었다. 오늘 묵을 키우카참Kioukacham에 게스트하우스가 없을 경우를 대비해서 서너 끼의 식량과 식수를 순비해야 했다. 오르막 거리가 무려 36km나 되는데 심 무게가 늘어나는 게 문제였다. 거기에 현지 소수 민족에게 하룻밤 숙박을 부탁해야 할 경우를 대비해서 그들에게 선물할 고추장, 김, 모기향까지 패니어에 넣었다. 아침 6시에 호텔을 나서니 숙소 프런트 여직원까지 나서서 바나나, 바게트를 챙겨 주었다.

1월의 루앙프라방 아침 6시는 탁발이 끝나지 않은 시간이고, 아직 해가 뜨지 않아서 길을 밝힐 전조등이 필요했다. 손님이 없으니 자연히 문을 연 음식점도 보이지 않았다. 이곳저곳을 두리번거리다 개점 준비를 하는 음식점을 발견했다. 평소 닭고기 볶음밥을 즐겨 먹었지만, 오늘은 퍽퍽해서 목 뒤로 넘어가지 않았다. 절반 이상 남긴 음식을 비닐봉지에 넣

어서 가방에 담았다. 키우카참의 게스트하우스가 폐쇄되었다면 요긴한 한 끼 식량이 될 수 있기 때문이다. 이렇게 이틀 치 식량을 패니어 곳곳에 챙겨 두었지만, 물은 무게 때문에 필요한 양만큼 준비하지 못했다. 어제 큰 페트병 생수 두 개를 샀지만, 땀을 많이 흘리면 물이 부족할 수 있다.

아침 식사를 마치고 오전 6시 40분에 방비엥을 향한 여정을 시작했다. 루앙프라방에서 13번 도로와 4번 도로가 갈라지는 삼거리까지 24km였다. 그곳까지는 평지라서 힘들지 않았고 1시간 30분이 걸렸다. 삼거리부터는 서서히 오르막이 시작되었다. 버스를 비롯한 많은 차량은 4번 도로로 다녀서 13번 도로는 상대적으로 한산했다. 오르막이 쉼 없이 이어졌지만, 예상했던 것보다 경사가 급하지 않아서 마음을 편하게 가질 수 있었다. 대부분 구간에서 평속 8~9km 이상을 유지하는데도 호흡이 가쁘지 않았다. 오늘 코스에는 산이 두 개 있다. 첫 번째 산은 오르막 거리 16km로, 해발고도 300m에서 1,050m까지 올라가야 한다. 이후 15km를 내려갔다가 다시 해발고도 300m에서 1,500m까지 20km를 업힐해야 한다. 첫 번째 고개의 중간에서 벌써 체력의 한계가 느껴졌다. 3개월 전인 작년 10월 이후에 오르막다운 오르막을 경험하지 못해서 심리적으로도 부담이 되었다. 평지에서는 자신의 의지에 따라 속도를 내거나 늦출 수 있지만, 오르막에서는 체력적 한계 때문에 강요된 속도로 가야 한다. 다행히 날씨는 춥거나 덥지 않고 서늘함과 따뜻함이 교대로

예전에는 찾아오는 손님으로 붐볐을 과일가게가 흉물처럼 버려져 있었다.

느껴졌다. 하지만, 고도가 점차 높아지면서 서늘함을 느끼는 시간이 길어

졌다. 루앙프라방을 출발한 지 4시간 10분 만에 첫 번째 고개의 정상에

도차했다. 수수 기점 41.1km 지점이었다.

곧 시작될 15km 다운힐에 대비해서 옷을 잔뜩 껴입었다. 주섬주섬 많

이 걸쳤는데도 땀이 식으니 추위가 진하게 느껴졌다. 다행히 우려와는 달

리 13번 도로 포장상태가 양호했다. 신도로를 개통하면서 구도로는 더는

관리하지 않을 수 있다고 생각했는데 예상보다 포장상태가 좋았다. 깔끔

한 노면 덕분에 내리막에서 제대로 속도를 즐길 수 있었다. 긴 내리막 끝

에 있는 아주 작은 마을인 살라밍Sala Ming이 우리를 환대했다. 우리는 길

가 의자에 앉아서 가지고 온 샌드위치로 점심을 먹으며 휴식을 취했다.

이제 다시 시작해야 한다. 해발고도 300m에서 1,500m까지 20km를 올

라가야 한다. 이 구간은 내리막이 없이 오르막뿐이다. 역시 경사는 급하

키우카참에 있는 게스트하우스 겸 음식점이다. 이 숙소가 없었으면 현지인 가정에 숙박을 부탁하려고 했다.

지 않았지만, 계속 오르막이 이어지다 보니 체력의 한계보다 심리적 한계점이 먼저 찾아왔다. 평소보다 짧은 대략 3km마다 휴식을 취하면서 심적 초조함을 달랬다.

천천히 그러나 꾸준히 페달을 밟아 출발한 지 9시간 만인 오후 3시 40분에 목적지인 키우카참에 도착했다. 그곳은 루앙프라방 기점 79km이었다. 소문과는 달리 키우카참에는 게스트하우스가 두 곳 있었다. 음식점이 없으면 어쩌나 걱정했는데, 게스트하우스에서 음식점까지 겸하고 있었다. 우리와 앞서거니 뒤서거니 했던 영국인 자전거 여행자도 같은 게스트하우스에 입실했다. 숙박료는 10만 낍(약 13,000원)으로 저렴했지만, 이곳이 고지대이다 보니 다른 시설이 열악했다. 더운 물이 나오지 않아 부들부들 떨면서 찬물로 샤워하며 흘린 땀을 씻어 냈다.

• **키우카참 숙소**

숙소명	전화번호	숙박료
Kiew Ka Cham Guest House	020-5587-2255 020-9544-0979	100,000 낍
Duangvichit Guesthouse	071-219170 020-5597-0245 020-5580-2896	

카르스트 지형의 웅장하고 가파른 산세 -4일 차

- 이동: 키우카참 → 카시
- 거리: 94km
- 누적 거리: 173km

■ 이용 도로

> 키우카참 → 13번 도로 → 카시

어느 외국인 자전거 여행자의 답사기가 마음에 걸렸다. 오늘 코스는 내리막이라서 쉬울 것으로 생각했는데, 그는 오전 코스가 쉽지 않다는 여행 후기를 인터넷에 남겼다. 어제는 길고 긴 고개도 넘었는데, 오늘은 아무리 급한 경사라도 짧은 고개를 못 넘을까 하는 생각이 들었다. 그는 왜 힘들다고 했을까? 오늘 라이딩할 코스의 고저도를 다시 한번 꼼꼼히 살펴보았다. 시작은 순조로웠다. 라오스의 남쪽에서 북쪽으로 라이딩하

키우카참에서 카시로 가는 도로 주변은 카르스트 지형의 독특한 산세였다.

지 않는 게 천만다행이었다. 키우카참 기점 17km 지점부터 20km 지점까지 경사도 10도 이상의 급한 내리막이 있었다. 만약 이 길을 반대 방향으로 라이딩한다면 아마 지옥을 경험할 것이다. 상상을 초월하는 급경사내리막을 만나고 나니, 혹시라도 이런 급경사 오르막이 나타나지 않을까걱정이 되었다. 휴식을 취할 때마다 스마트폰에 저장해 놓은 고저도 사진과 스마트폰 앱을 보면서 앞으로 어떤 일이 벌어질지 가늠해 보려고애썼다. 자전거 여행하며 산전수전을 다 겪은 필자가 분명 얼어서 긴장하고 있었다.

오늘의 첫 번째 고개 정상은 출발 기점 29.5km 지점에 있었다. 어제는

다른 동남아 국가에서는 볼 수 없는 웅장하고 가파른 산세에 넋을 잃었다.

장장 36km를 원 없이 업힐했는데 오늘은 낮은 높이의 오르막과 내리막
이 줄기차게 이어졌다. 두 번째 고개의 오르막은 43.7km 지점에서 시작
해서 49.5km 지점에서 끝났다. 산골짜기를 돌고 도는 코스라서 심적 부
담이 적지 않은 구간이었다. 이 고개 정상에서 푸콘Phoukhoun (키우카참 기
점 50.7km)은 가까웠다. 푸콘에 왼쪽은 베트남, 오른쪽은 방비엥으로 가
는 삼거리가 있었다. 필자는 방비엥을 거쳐서 비엔티안으로 가는 길로 들
어섰다. 얼마 가지 않아서 내리막이 이어졌다. 아쉽게도 내리막이지만 비
포장 구간과 포장공사 중인 구간도 꽤 있었다. 끝이 없을 것 같았던 내리
막도 키우카참 기점 73.45km 지점에서 롤러코스터 구간으로 바뀌었다.
이후 오르막과 내리막이 반복되다가 80km 지점에서 마침내 완만한 내리
막 도로와 연결되었다.

카시Kasi의 쏨칫Somchit 게스트하우스는 출발 기점 94km 지점에 있었다. 숙박료는 어제와 같은 10만 낍인데도 시설이 뛰어났다. 더운 물이 나오고 와이파이가 되는 데다가 자전거를 방안으로 들여놓을 수도 있었다. 어제의 기나긴 업힐 후유증이 남아 있어서 오늘 역시 쉽지 않았다. 루앙프라방에서부터 비엔티안까지의 루트 중에서 험난한 구간을 어제와 오늘, 이틀 동안 마쳤으니 내일부터는 편안한 라이딩이기를 기원해 본다.

• 카시 숙소

숙소명	전화번호	숙박료
Somchid Guesthouse	020-2220-8212 020-5530-5899	10만 낍 (약 13,000원)
Pavina Guest House	020-5675-1881	

경적을 울리지 않는 라오스 운전자들 -5일 차

• 이동: 카시 → 방비엥

• 거리: 56km

• 누적 거리: 229km

■ 이용 도로

> 카시 → 13번 도로 → 방비엥

오늘은 주행할 거리가 짧아서 늦게 출발하려고 했는데, 습관을 바꾸기

쉽지 않은 듯 아침 9시를 넘기지 못하고 길을 나섰다. 출발 기점 22km 지점에 있는 상승 고도 300m 고개만 넘으면 그다음부터는 거의 내리막이라서 마음을 편하게 가질 수 있었다. 키우카참부터 우리와 앞서거니 뒤서거니 하며 라이딩 중인 영국과 캐나다 연합팀의 한 부부는 남편이 72살인데 미국을 자전거로 다섯 차례나 횡단했고, 24년 전 자전거 여행 중에 만난 부인은 네 차례 했다고 하니 놀라웠다.

카시Kasi부터는 4번과 13번 도로가 합쳐져서 통행 차량이 많았다. 라오스가 미얀마와 다른 점은 운전자들이 거의 경적을 누르지 않는 것이다. 미얀마에서는 경적 소리에 파묻혀 지내다가 라오스에서 어느 순간 경적소리가 들리지 않는 것을 깨달았다. 올라야 할 고개가 다가오고 오르막거리가 대략 5km라서 중간에 한 번 쉬고 가면 되겠다 싶었는데, 오르막에 단련이 돼서 그런지 고개를 오르고 있다는 것을 느끼지 못하고 정상에 올랐다.

파탱Pha Tang은 환상적인 경치를 보여 주었다. 우리나라에서는 볼 수 없는 카르스트 지형의 삐죽삐죽 솟아오른 산세가 우리의 눈길을 사로잡았다. 이곳의 풍광에 빠지니 쉽게 발길이 떨어지지 않았다. 산기슭의 밭을

경작하는 화전민에게 "싸바이디"를 외치며 라이딩한 끝에 오후 1시에 방비엥에 도착할 수 있었다.

방비엥 블루라군에서의 휴식 −6일 차

- 관광: 방비엥
- 거리: 16km
- 누적 거리: 245km

배낭여행자들의 천국이라
고 불리는 방비엥은 다른
지역과 확연히 구별되는 카
르스트 지형이다. 독특한
산세를 배경으로 좁은 계곡
과 넓은 들판 사이로 쏭강
이 흐르고, 흘러가는 강물
이 햇빛에 반짝이는 것을
보니 여행자의 마음이 평온
해진다. 남송강과 비쭉 비

쏭강에서 카약킹Kayaking을 즐기는 관광객들

쭉 솟은 산봉우리의 어우러
진 모습이 바로 이상향이
다. 세계 각국의 배낭여행
자들이 몰려들면서 한때 원
주민 마을에 불과했지만,
지금은 한가로운 힐링 여행
을 꿈꾸는 여행자들의 도시
로 탈바꿈했다.

블루라군을 가려면 건너야 하는 목조다리인데
통행료가 5,000낍(약 650원)이다.

방비엥은 쉬엄쉬엄 자전거를 타고 다녀도 30분이면 동네 구경을 마칠
수 있는 우리나라의 리(里)만 한 작은 마을이다. 이런 곳은 뭔가를 해야
직성이 풀리는 사람에게 맞지 않을 것 같았다. 방비엥에서는 쉬는 것 말
고는 할 일이 없지만, 유명한 블루라군은 꼭 가보고 싶었다. 깊은 물 속에
들어가는 것을 무척이나 무서워하지만, 그런 두려움을 이겨보려고 블루

라군에 더 집착하는지도 모르겠다. 자전거에 패니어를 매달지 않고 한적한 시골길을 달리니 다른 때와 느낌이 사뭇 달랐다. 과중한 업무에 스트레스를 받다가 힐링 휴가를 얻은 기분이었다. 블루라군은 방비엥에서 7km 정도 떨어진 곳에 있었다. 블루라군이 하나인 줄 알았는데, 블루라군 2와 3이 있었다. 어디로 가야 할지 잠시 머뭇거리다가 블루라군 2와 3 방향으로는 4.5km가 비포장길이고, 1번이 아무래도 원조가 아닐까 하는 생각에 블루라군 1로 향했다. 넓은 주차장에는 관광객들이 타고 온 버기카와 썽태우가 가득했다.

방비엥에서 블루라군 가는 길

블루라군 2와 3으로 가는 비포장길

블루라군에는 2m 높이의 점프대와 5m 높이의 점프대, 두 개가 있었다. 물놀이하는 사람들은 대부분 패키지 관광객들로, 하나같이 구명조끼를 입고 물속으로 뛰어들었다. 필자는 2m 점프대에서 워밍업 차원의 다이빙을 마치고 곧바로 5m 높이의 점프대에 올랐다. 순간 가슴이 두근거렸지만 지금 하지 않으면 후회할 것 같아서 두 눈을 질끈 감고 '설마 죽기야 하겠어'라는 심정으로 뛰어내렸다. '첨벙' 소리와 함께 물속으로 깊게 가라앉았다. 다시 물 위로 떠 오를 때까지 약 4초간의 시간이 영겁의 세월만큼 아주 길게 느껴졌다. 짊어진 삶의 무게가 부력보다는 크지 않은

석회암 동굴에서 흘러나온 에메랄드 빛깔의 깨끗한 물로 이루어진 블루라군은 천연 풀장이었다.

듯 잠시 후 머리가 물 위로 솟아올랐다. 다이빙은 마약과 같아서 한번 성공하니 계속 뛰어내리고 싶었다. 하지만 계속 뛰어내리는 것도 다른 사람에게는 민폐일 수 있어서 적당한 선에서 멈추고 오두막에서 꿀맛 같은 낮잠을 잤다.

추가로 합류한 일행과 저녁 식사하면서 대답하기 어려운 질문을 받았다. 한국에 경치 좋은 곳이 많은데, 왜 먼지가 자욱하게 날리고 여러 가지로 불편한 동남아에서 자전거를 타느냐는 것이다. 라오스는 다른 동남아 국가보다 자전거 타기 좋은 편인데, 이런 우호적인 자연환경이 열악하다고 하니 대답할 말이 없었다. 필자가 오랫동안 동남아시아를 자전거 여행하면서 혹시라도 동남아에 대해 필자만의 좁은 시야에 매몰되어 있지 않나 싶어서, 숙소로 돌아와 룸메이트에게 라오스 라이딩에 대한 솔직한 느낌을 물어보았다. 그는 라오스가 우리나라의 60~70년대를 생각나게 해준다며 비록 경제적으로 그리고 사회 기반시설이 낙후되어 있지만, 때 묻

쏭강과 파등산이 함께 만드는 방비엥의 일몰은 장관이었다.

지 않은 인심이 있어서 마음이 편하다는 대답을 해 주었다. 불현듯 며칠
전에 본, 길가 주택의 앞마당에 모녀가 앉아서 딸 머리카락에 붙어 있는
이를 잡아 주는 장면이 떠올랐다. 그것은 어릴 적 우리의 모습이었다. 그
렇지만 라오스는 서서히 개발붐이 일고 있다. 라오스가 더 오랫동안 본래
자연의 모습을 간직해 주기를 바라지만, 그것은 이 나라의 지도자와 국민
이 결정할 일이다.

블루라군

• 블루라군 1

(시내 중심에서 툭툭으로 15분, 입장료 1만 낍, 다리 통행료 5,000낍, 구명
조끼 대여 1시간 1만 낍, 툭툭 대절 1대 약 10만 낍, 여행사 연합투어 1인
5만 낍)

〈가는 방법〉 방비엥 중심가를 기준으로 8km 정도 떨어져 있다. 블루라군까

지 가는 길은 쏭강 다리를 제외하고는 포장이 잘 되어 있다. 오토바이로는 수월하게 이동할 수 있고, 자전거로는 왕복 거리를 염두에 두고 체력 안배하는 것이 좋다. 여행사의 연합투어는 매일 오후 1시경 출발하고 약 2시간 정도 머무는데 구명조끼도 빌려 준다.

방비엥 최고의 볼거리이자 액티비티 장소인 블루라군은 쏭강으로 이어지는 작은

물줄기가 시작되는 곳이다. 블루라군의 에메랄드 물빛은 직접 보면 감탄이 나올 정도로 매력적이다. 물 위에 설치된 다이빙대와 스윙 로프는 남녀노소 가릴 것 없이 도전의식을 불러일으킨다.

• 블루 라군 3

(시내 중심에서 자동차로 25분, 입장료 1만 낍, 툭툭 대여 1대 약 15만 낍)

〈가는 방법〉 블루라군 3으로 가려면 블루라군 1보다 더 멀리 들어가야 한다. 가는 길도 대부분 비포장도로라서 툭툭으로 가거나 버기카 또는 스쿠터로 가든지 만만치 않다. 하지만 일단 도착한 사람들은 블루라군 1보다 한적하고 놀기 좋은 환경에 만족해 한다.

블루라군 1의 풍경은 여전히 명불허전이지만 점점 많은 사람이 방문하면서 분위기가 예전만 못하다는 평이 많다. 그러자 이곳을 대체할 또 다른 블루라군이 생겨나 사람들을 유혹하고 있다. 조금 더 특별하고 조금 더 은밀한 장소를 원하는 여행자들을 위해 개발된 장소, 블루라군 3은 방비엥의 배낭여행자들을 위해 만들어진 새로운 놀이터인 셈이다. 그런데 반짝이는 에메랄드 물빛을 감상하고 싶다면 오전에 방문하는 것이 좋다. 블루라군 3과 물웅덩이 위쪽에 설치된 집라인은 한국인 여행사에서 운영하며 식당에서는 한국라면도 판매한다.

김준현의 100배 즐기기 라오스 중에서

• 방비엥 숙소

숙소명	아고다 평점	숙박료
Riverside Boutique Resort	8.8	138,982원
Inthira Vang Vieng	8.7	83,389원
Green View Resort	8.8	44,791원
Army Barracks Hostel	8.7	15,306원

＊방비엥에는 숙박업소가 많이 있으며, 가격대도 다양하다. 평점과 숙박료는 수시로 변경된다.

트윈베드룸은 없고 더블베드룸만 -7일 차

- 이동: 방비엥 → 방몬
- 거리: 97km
- 누적 거리: 326km

■ **이용 도로**

> 방비엥 → 13번 도로 → 방몬

| **남늠저수지(Nam Ngum Reservoir)** |

비엔티안에서 북쪽으로 90여 km 떨어진, 인도차이나 최대의 인공저수지인 남늠저수지는 메콩강의 지류인 남늠강을 막아서 전력을 생산하는 댐이다. 우리나라 충주호의 3배 정도 크기인 남늠저수지를 현지인들은 라오스의 바다라고 칭하기도 하는데, 이곳에서 발전된 전기는 전량 태국으로 수출한다. 인도차이나 전쟁 당시 라오스 정부군과 반군 사이에서 남늠댐의 파괴를 피하자고 합의했다는 일화가 있다. 애초 필자는 폰홍Phonhong에서 10번 도로를 이용해서 남늠저수지 방향으로 가려고 했다. 그런데 막상 현장에 도착하니 직진 코스가 있는데 우회한다는 것이 썩 내키지 않아서 계속 13번 도로로 비엔티안까지 갔다. 13번 도로는 생각보다 통행 차량이 많았다. 만약 시간 여유가 있다면 조금 돌아가더라도 10번 도로 이용을 권하고 싶다.

머릿속이 아무리 복잡하고 근심이 가득해도 일단 자전거 페달을 돌리기 시작하면 얼마 지나지 않아서 마음의 평정을 찾을 수 있다. 그런데 오늘은 여러 가지 잡념이 머릿속에 둥지를 틀고 나갈 생각을 하지 않았다. 출발할 때부터 당장이라도 비가 올 것처럼 하늘에 구름이 가득했다. 결국, 구름 속 물방울이 제 무게를 견디지 못하고 빗방울이 되어 지상으로 내려오기 시작했다. 흙먼지로 뒤덮였던 도로는 질척질척한 흙탕길로 변했다. 오늘 밤 숙박하려고 염두에 두었던 84km 지점의 마니봉manyvong 게스트하우스는 깔끔해서 마음에 쏙 들었는데 트윈베드룸이 남아 있지 않았다. 폰홍Phonkhong에서 10번 도로를 타고 남늠저수지Nam Ngum Reservoir

방향으로 조금 들어가면 게스트하우
스가 줄지어 있지만, 그 코스는 비엔
티안으로 곧장 가지 않고 조금 돌아
가고 중간에 약간 땀을 흘려야 하는
고개도 있다. 아무리 주변 경치가 좋
고 차량통행이 적어도 우회하는 게
마음에 걸렸다. 고민 끝에 계속 13번
도로를 타고 가기로 했다.

쉽게 찾을 수 있으리라 생각했던
게스트하우스가 13번 도로 주변에
없었다. 몇 곳은 폐쇄되었고, 영업 중
인 게스트하우스에는 더블베드룸만 있지 트윈베드룸은 없었다. 남자끼리
같은 침대에서 자는 게 어색해서 도로 나올 수밖에 없었다. 이곳의 게스
트하우스는 우리나라 모텔 역할을 했다. 연인끼리는 객실에 큰 침대 하나
만 있으면 됐지, 침대 두 개까지 있을 필요가 없다. 비엔티안 주변의 게스
트하우스는 주머니가 가벼운 배낭여행자라든지 외국인을 위한 숙박시설
이라기보다, 라오스 현지인을 위한 쉼터였다.

방비엥 기점 97km 지점의 방몬Vangmon에 미국 유타주에서 미케닉 엔
지니어로 34년간 살았다는 푸케인Phoukane이 운영하는 게스트하우스가
있었다. 이곳도 트윈베드룸이 없어서 방바닥에 매트리스 하나를 추가로
깔았다. 더블베드룸 숙박료가 7만 낍이었고 매트리스 추가비는 3만 낍이
었다. 다른 지역의 게스트하우스와 요금이 같지만, 변기 위에서 양치질과
세수를 해야 하는 허접스러운 숙소였다. 우리는 라면을 가지고 있었는데

결혼식 피로연은 라오스인들의 소득수준과 비교
해서 화려했다.

13번 도로변의 게스트하우스에서 하룻밤을 보
냈다.

주인인 푸케인의 배려로 라면을 끓일 수 있었다. 그는 우리를 접대한다고 '라놈'이라는 열대과일과 맥주 서너 병을 꺼내와서 같이 먹고 마셨다.

저녁에 인근에서 결혼식 피로연이 열렸다. 라오스에도 우리처럼 축의금을 내는 문화가 있었다. 푸케인에 따르면 결혼식할 때 입는 정장이 무려 1만 달러까지 한다고 하니 이들의 소득 수준보다 과한 예식문화가 아닌가 싶었다. 많은 하객이 피로연에 참석했고 피로연은 밤새 이어졌다. 행사장에서 크게 틀어 놓은 음악 때문에 필자는 밤잠을 설쳐야 했다.

• 방몬 및 탈랏 숙소

숙소명	전화번호	숙박료
Xaiham paseurth Guest House (방몬)	020-9932-8411 030-967-5994	7만 낍
Dorkkhoun Guesthouse (탈랏)	020-9799-9704	
Napakuang Resort (탈랏)	020-2225-1979	

*방몬 및 탈랏에는 여러 곳의 게스트하우스가 있다.

비엔티안은 역시 수도였다 -8일 차

- 이동: 방몬 → 비엔티안
- 거리: 60km
- 누적 거리: 386km

■ 이용 도로

> 방몬 → 13번 도로 → 비엔티안

대체로 13번 도로는 포장이 잘되어 있지만, 군데군데 비포장 구간이 있고 도로 포장상태도 균일하지 않은 점이 아쉬웠다. 또한, 건기라서 먼지가 많이 날렸다. 어제 통과한 탈랏Talat에서 10번 도로를 타지 않고 13번 도로를 이용해서 쭉 내려왔는데 생각했던 것보다 차량이 많았다. 비엔티안 시내에 들어오니 일방통행 도로가 적지 않게 눈에 띄었다. 라오스 사람들의 온순하고 느긋한 성품을 반영하듯 도로에서 돌발적으로 튀는 차량이 없어서 갓길로 자전거 타고 다니는 게 부담스럽지 않았다. 도로 포장상태 또한 한 나라의 수도답게 말끔했다.

┤ 비엔티안(위양짠) ├

비엔티안은 1953년부터 라오스의 수도로, 프랑스 파리에 개선문이 있다면 비엔티안에는 '빠뚜싸이'가 있다. 라오스어로 '문(門)'이라는 빠뚜와 '승리'라는 싸이가 결합하여 '승리의 문'이라는 뜻이다. 프랑스의 식민지였던 라오스는 미국이 화해의 뜻으로 비행기 활주로를 건설할 자금과 시멘트를 주었

지만, 자신들의 독립을 기념
하고 희생된 용사를 추모하기
위해서 빠뚜싸이를 세웠다.

비엔티안은 옛 라오족 왕조
이래로 고도(古都)이다. 공식
적으로 1563년에 버마의 침
략을 피해서 비엔티안을 공식
수도로 선언했다. 그 후 란쌍 왕조가 분리되면서 비엔티안과 루앙프라방이
각각 독립했고, 비엔티안은 독립된 '비엔티안 왕조'가 되었지만, 1779년에
태국 시암 왕조의 식민지가 되었다.

빠뚜싸이 전망대에서 내려다보이는 비엔티안은 차분하고 고요한 모습이다.

호 프라깨우이다. 태국 에메랄드 사원에
있는 에메랄드 불상이 바로 호 프라깨우
에서 약탈해 간 것이다.

왓 씨사켓은 비엔티안 왕국의 마지막 왕
인 아누웡Anouvong이 지은 사원으로, 약
7,000개의 벽감 불상과 약 3,000개의
큰 불상이 있다.

1827년 태국 시암 왕조로부터 독립이 실패하면서 비엔티안의 라오스 문화 유산은 철저히 파괴되었다. 이때 대부분의 불교 문화유산이 파괴되고 사라졌다. 이후 비엔티안은 프랑스군의 추가 공격을 받고 1893년부터 1953년까지 프랑스 통치령이 되었다. 프랑스는 식민도시를 건설하는 과정에서 파괴된 라오스의 절을 다시 지었다.

참조: 두산백과

• 비엔티안 → 인천 항공편 (소요시간: 5시간 40분)

제주항공, 진에어, 티웨이, 라오항공 등

┤ 비엔티안 출도착 버스 ├

• 비엔티안에서 출발하는 국제버스

- 태국 농카이: 매일 6회 (2시간 소요)

- 태국 치앙마이: 매일 1회 (15시간 소요)

- 태국 방콕: 매일 2회 (11시간 소요)

- 중국 쿤밍: 매일 1회 (32시간 소요)

- 베트남 하노이: 매일 3회 (22시간 소요)

- 베트남 후에: 매일 1회 (22시간 소요)

- 베트남 다낭: 매일 2회 (24시간 소요)

- 캄보디아 씨엠립: 매일 1회 (24시간 소요)

• 비엔티안 숙소

숙소명	아고다 평점	숙박료
Landmark Mekong Riverside Hotel	8.3	146,359원
Salana Boutique Hotel	8.7	101,877원
S Park Design Hotel	8.4	36,202원
PVO Hostel	8.9	15,445원

＊비엔티안에는 숙박업소가 많이 있으며, 가격대도 다양하다. 평점과 숙박료는 수시
로 변경된다.

＊본 콘텐츠는 2018년 1월 기준으로 작성되었습니다. 현지 사정에 의해 정보가 달라질 수 있습니다.

캄보디아 → 태국 자전거 여행

■ 캄보디아

캄보디아 왕국Kingdom of Cambodia은 베트남, 라오스, 태국과 국경을 접해 있으며, 면적은 남한의 약 1.8배. 인구는 약 1,595만 명(2016년 7월 기준)으로, 90%가 크메르Khmer 족이며 그 외 베트남인, 중국인, 참Cham 족, 고산족으로 구성되어 있다. 언어는 크메르어를 사용하는데, 지식층 및 비즈니스계를 중심으로 50대 이상은 프랑스어를, 청·장년층은 영어를 사용한다. 종교는 소승불교(국민의 95%)로, 국가 모토는 국민Nation, 종교Religion, 왕King이다.

캄보디아는 고온다습한 열대몬순기후로, 3~5월에는 북서풍이 불고 고온 건조하며 최고기온 35~40℃이다. 6~8월은 남서풍이 불고 고온 다습하며, 우기에 해당하는 9~11월은 습기가 많다. 건기인 12~2월은 최저 기온 20℃, 최고 기온 30℃로 여행하기 적당하다.

캄보디아는 입헌군주제로, 국가원수는 국왕이지만, 정부 수반인 총리가 실질적인 국정을 운영한다. 우리나라와는 1997년 10월에 대사관을 상호 설치하였고 우리 교민은 약 5,000명이 된다. 이 나라의 주요 수출품은 천연고무, 농수산물, 축산물, 담배, 목재 등이며 수입품은 공산품, 의약품, 기계류 등이다.

참조: Kotra 국가정보 캄보디아, 다음백과 등

Chapter 8.

시엠레아프(3) → 시소폰(1) → 포이펫 → 사캐오(1) → 소이 다오(1) → 짠타부리(1) → 팍남 프라새(1) → 라용(1) → 파타야(3) [12박 13일]

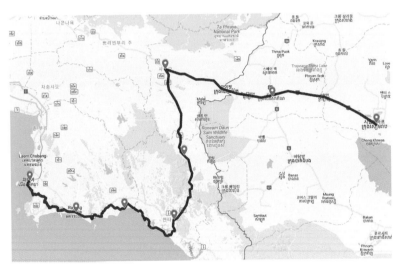

빨간색 아이콘은 필자가 숙박한 도시 또는 마을이다.

■ 코스 특징

〈캄보디아 구간〉

시엠레아프에서부터 태국과의 국경도시인 포이펫까지 151km는 캄보디아의 6번과 5번 도로를 따라서 라이딩한다. 이 지역은 넓은 평원으로, 주로 논이 펼쳐져 있어서 햇볕을 가려 주는 그늘이 없는 게 흠이라고 할 수 있다.

〈태국 구간〉

캄보디아 포이펫에서 태국 국경을 넘어 사캐오까지의 33번 도로는 평지라서 어렵지 않게 라이딩할 수 있다. 사캐오에서 317번 도로를 타고 짠타부리 방향으로 내려가면 85km 지점에 고도 260m 고개가 있다. 이 고개를 넘으면 짠타부리가 나오고 곧이어 타이(灣)를 만나게 된다. 이후 라용을 거쳐서 파타야까지 주로 해안도로를 이용하게 된다.

시엠레아프(Siem Reap)

프놈펜으로부터 북서쪽으로 약 315km 떨어진 곳에 있는 시엠레아프(씨엠립)는 '시암 격퇴'라는 의미가 있다. 시암은 오늘날의 태국(타이)으로, 17세기 태국의 아유타야 왕조와의 전쟁에서 승리한 것을 기념한 지명이다. 시엠레아프는 앙코르와트(Angkor Wat)로 더 많이 알려져 있다. 시엠레아프는 타이 지배에서, 1907년 프랑스 통치하의 캄보디아에 반환되었고, 프랑스 탐험대 200명이 조그만 마을이었던 시엠레아프를 찾으면서 앙코르와트는 세상에 그 모습을 드러냈다.

이후 긴 잠에 빠졌던 시엠레아프는 1998년 폴 포트의 사후, 다시 활기를 띠게 되었고, 급증하는 관광객으로 오늘날은 캄보디아에서 가장 빠르게 성장하는 도시가 되었다. 성장과 동시에 물가도 함께 상승하고 있지만, 어느 것도 신비로운 고대 앙코르와트로 떠나는 시간여행과 정신 여행을 멈추게 할 수 없다.

시엠레아프는 5성급 고급 호텔부터 저렴한 게스트하우스까지 다양한 숙박시설이 있다. 관광객은 대부분 북쪽으로 6km 정도 떨어진 앙코르와트나 앙코르톰을 비롯한 앙코르 유적을 방문하고 톤레사프 호수를 찾게 된다.

출처: 위키백과 등

앙코르와트는 '왕도(王都)'를 뜻하는 앙코르Angkor와 '사원'을 뜻하는 와트Wat가 결합한 단어로, 12세기 초에 수르야바르만 2세에 의해 옛 크메르 제국의 도성으로 창건되었다. 앙코르와트는 앙코르에 있는 여러 사원 중에서 가장 잘 보존되어 있으며, 축조된 이래 모든 종교 활동의 중심지 역할을 맡고 있는 사원이다. 처음에는 힌두교 사원으로 힌두교의 3대 신 중의 하나인 비슈누 신에게 봉헌되었고, 나중에는 불교 사원으로도 쓰였다. 앙코르와트는 세계에서 가장 크고 아름다운 종교 건축물로서, 옛 크메르 제국의 수준 높은 건축 기술이 가장 잘 표현된 유적이다. 또한, 캄보디아의 상징처럼 되면서 국기에도 그려져 있는데, 관광객들이 캄보디아에 오는 제1 목적이기도 하다.

앙코르와트는 정문이 서쪽을 향하고 있는 것이 특징이다. 사원이 서향인 것은 해가 지는 서쪽에 사후 세계가 있다는 힌두교 교리에 의한 것으로, 왕의 사후세계를 위한 사원임을 짐작하게 한다. 길이 3.6km의 직사각형 해자에 둘러싸인 이 사원의 구조는 크메르 사원의 건축 양식에 따라 축조되었다. 중앙의 높은 탑은 우주 중심인 메루Meru 산, 즉 수미산이며 주위에 있는 4개의 탑은 주변의 봉우리들을 상징한다. 외벽은 세상 끝에 둘러쳐진 산을 의미하며 해자는 바다를 의미한다. 이 해자를 건너기 위해서는 나가_{Naga} 난간을 따라 250m의 사암 다리를 건너야 한다. 나가는 다섯 개의 머리를 가진 뱀을 뜻한다.

출처: 위키백과

┤ 캄보디아 날씨 ├

고온 다습한 열대 몬순기후로, 5~10월은 우기, 11~ 4월은 건기이다.
1년 중 가장 더운 달은 4월이다.

• 인천 → 시엠레아프 직항편

항공사	인천 출발	시엠레아프 도착	비고
아시아나항공	19:15	22;40	매주 수, 목, 금, 토, 일 운항
에어 서울	19:15	22:40	매주 수, 목, 금, 토, 일 운항

시엠레아프의 12월 아침은 추웠다 -1일 차

■ 관광: 시엠레아프

시엠레아프의 위도가 호찌민이나 프놈펜과 비슷하지만 12월의 시엠레아프는 두 도시와 달리 꽤 추웠다. 앙코르와트 입장권은 당일권과 3일 권이 있는데 필자는 3일권을 샀다. 요금은 미화 67달러였다. 하루에 앙코르와트를 다 보기는 힘들 테고, 2일권이 있으면 좋을 텐데 2일권을 팔지 않으니 별수 없이 3일권을 샀다. 입장권을 사기 위해 100달러짜리 미화를 냈다. 동남아시아에서는 100달러 지폐를 꺼내면 요리조리 살펴보고, 조금이라도 의심스럽거나 헌 돈이면 받아 주지 않는다. 그러나 앙코르와트 입장료로 조금 낡은 미화 100달러짜리 지폐를 냈는데도 불구하고 아무 소리 하지 않고 받아 주었다. 캄보디아는 자국 통화인 리엘과 미국 달러화를 동시에 사용하고 있다.

앙코르와트는 한국인에게 꽤 인기가 많아서 한국 단체 관광객이 많았다. 여기저기에서 한국인 가이드들의 열띤 목소리가 들려왔다. 재미있는 것은 외국 관광객들은 영어를 구사하는 캄보디아 현지인을 가이드로 고용하거나, 자기 나라 언어를 구사하는 캄보디아인을 쓰는 데 반해서, 한국 관광객은 한국인 가이드가 안내했다. 또한, 외국인들은 보통 5명 이하의 소그룹 또는 커플 단위로 안내를 받는 데 반해서, 우리나라 사람은 20~30명 정도의 단체 관광이 대부분이었다. 국내에서도 그렇듯이 해외에서도 한국 사람들은 정사(正史)보다 야사(野史)에 더 관심이 많은 듯, 가이드들은 정사에 없는 설화 또는 에피소드를 곁들여서 해설했다. 어떤 한국인 가이드는 힌두교 두서관을 설명하면서 혹시 가슴이 떨리거나 두근거리는 사람이 있는지 물었다. 사실은 필자가 조금 두근거렸는데, 그런 사람은 천 년 전의 전생에 앙코르 제국의 왕족이었거나, 귀족이었을 거라는 우스개 이야기를 했다. 한국 관광객이 몰려다니다 보니 이곳도 시끄러웠다. 어떤 서양인은 시끄러운 단체를 가리키며 어느 나라에서 온 사람들이냐고 묻자, 그의 동행은 서슴없이 "한국인"이라고 대답했다. 한국인의 목청은 이미 세계가 알아주는 수준이었다. 준비해 온 바게트를 먹으려고 공원 잔디에 앉으려니, 젊은 현지인 2명이 자기들 돗자리에서 같이 먹자고 제안했다. 그들과 합석해서 필자가 가져온 간식과 그들이 준비해 온 밥과 돼지고기, 구운 생선을 함께 나누어 먹었다. 그들은 숟가락을 사용

앙코르 톰의 바이욘Bayon 사면상　　　　　　대박식당 직원들과 함께

하지 않고, 손가락으로 밥을 집어 먹고 생선도 발라 먹었다. 착하고 순진한 그들의 꿈은 한국에서 일하는 것이었다.

시엠레아프에서 한국인이 운영한다는 유명한 맛집인 '대박식당'을 찾아갔다. 이 가게는 삼겹살을 무제한 리필해 준다는 소문이 있었다. 혼자서 여행하다 보면 식사할 때가 조금 난처하다. 손님들로 북적일 때 한 사람이 4인용 식탁을 독차지하고 있노라면 가시방석에 앉은 기분이다. 그래서 손님들로 붐빌 때를 피해서 찾아갔다. 비록 삼겹살을 무제한으로 먹을 나이는 지났지만, 이국에서 고향의 맛을 느끼고 싶었다. 밑반찬도 깔끔하고 맛있었다. 공깃밥 두 그릇에 김치와 된장찌개, 삼겹살을 배부르게 먹으니 홀쭉했던 배가 금방 불룩하게 나왔다. 대박 가게의 사장은 역시 남달랐다. 식사를 마치고 잘 먹었다고 인사를 하려니 사장이 보이지 않았다. 그는 밖에서 삼겹살을 굽고 있던 현지 직원들을 격려하고 금일봉을 하사하고 있었다.

· 시엠레아프 숙소

숙소명	아고다 평점	숙박료
Park Hyatt Siem Reap	9.1	154,309원
Sokha Angkor Suites	9.1	73,922원
New Home Hostel	8.1	8,295원
Channel Angkor Hostel	8.6	7,223원

*시엠레아프에는 숙박업소가 많이 있으며, 가격대도 다양하다. 평점과 숙박료는 수시로 변경된다.

배려 아닌 배려를 받은 톤레사프 호수 관광 −2일 차

■ 관광: 시엠레아프

유명한 앙코르와트의 일출을 보려고 새벽 4시에 기상했다. 이른 새벽이라 숙소 로비에서 자고 있던 직원을 깨워서 출입문을 열게 하고 밖으로 나오니 짙은 어둠이 아직도 깔려 있었다. 자전거를 타고 앙코르와트의 일출 명소에 도착하니, 필자가 두 번째로 일찍 왔다. 오늘은 구름이 두껍게 껴 있어서 일출을 볼 수 없는 날씨이지만, 혹시나 하는 기대를 하고,

많은 관광객이 모여들었다. 그들 틈에서 불편한 자세로 기다린 지 1시간여, 동이 틀 시간이 지났건만 구름이 걷히지 않아서 아쉬운 발걸음을 돌려야 했다.

아침 식사를 마치고 시엠레아프 외곽에 있는 톤레사

시엠레아프 외곽에 있는 톤레사프 호수

프 호수로 향했다. 호수는 시엠레아프 올드 마켓에서 대략 13km 떨어져 있었다. 가는 길은 작은 자갈이 깔린 비포장도로였지만, 서스펜션 포크가 없는 여행용 자전거로도 무리 없이 갈 수 있었다. 승선료는 미화 25달러. 혼자서 왔다고 배까지 혼자 타게 하는, 배려 아닌 배려를 했다. 필자는 다른 사람들과 같이 타고 싶었는데, 20여 명도 넘게 탈 수 있는 배에 보트 기사와 껄렁하게 생긴 가이드 그리고 필자, 이렇게 3명이 전부였다. 미화 25달러짜리 보트 관광인데, 캄보디아에서만 볼 수 있는 구경거리는 없었다. 수상시장은 태국에서 많이 봤고, 베트남의 메콩강 투어에서는 수상학교라든지 수상가옥을 많이 봐서 전혀 새로울 게 없었다. 인생을 살다 보면 늘 최고의 선택만 하는 것이 아니기에, 보트 투어비를 캄보디아의 도로 확충에 기부한 셈 쳤다.

'프놈바켕'은 앙코르의 일몰 명소이다. 해가 지는 장관을 보러 온 관광객이 한꺼번에 몰리면 추락 등 안전사고의 위험이 있어서, 넓지 않은 언덕 정상에 오르는 인원을 통제했다. '프놈바켕'에는 한국 단체 관광객은 보이지 않고, 중국 관광객들만 많이 눈에 띄었다. 우리와는 조금 다른 여행문화였다. 우리나라 단체 관광객들이 가기 어려운 관광 포인트가 몇 군데 있다고 들었다. 그중에는 일출과 일몰 장소가 포함되어 있는데, 일출을 보려면 새벽 5시에 숙소를 나와야 하고, 일몰을 보려면 오후 6시 넘어서까지 관광객을 안내해야 한다. 저녁에는 술을 곁들인 만찬을 먹는 한국인 단체여행의 관행상 일출과 일몰을 보기가 쉽지 않을 것이다. 짧지 않은 기다림 끝에 '프놈바켕'의 정상에 올라서 해넘이를 기다렸지만, 짙게 깔린 구름 때문에 일몰을 볼 수 없었다. 오늘은 일출과 일몰, 둘 다 보지 못했다.

앙코르와트는 오후에 가야 제격 –3일 차

■ 관광: 시엠레아프

오늘도 일출을 볼 수 있는 날씨가 아니었다. 그렇지만 올드 마켓에서 햄을 넣은 바게트를 사서 배낭에 넣고 다시 앙코르와트를 찾아갔다.

시엠레아프 홍보 잡지에 참고할 만한 기사가 있었다. '앙코르와트에 처음 가는 사람은 오후 2시경 태양이 사원의 정면에 있을 때 방문하는 게 좋다. 그렇지 않고 오전에 앙코르와트를 방문하면 시야를 가리는 역광으로 인해서 앙코르와트의 첫인상이 좋지 않을 수 있다.' 정말 앙코르와트는 서향이었다. 오전은 앙코르와트 뒤편에 태양이 있어서 사진을 찍으니 역광이었다. 일정이 빡빡한 단체 관광객은 오전, 오후를 가릴 시간적 여유가 없을 것이다. 어쨌든 앙코르와트의 저녁노을은 상상을 초월할 정도로 아름다워서 수르야바르만 2세가 서향을 택했다는 전설까지 있다.

앙코르와트에 관한 사전 학습했던 내용이 막상 실물을 보면 하나도 생

앙코르와트 뒤편에 태양이 있어서 오전에 사진을 찍으면 역광이 된다.

각이 나지 않았다. 그래서 관련 내용을 아이패드에 스크린 캡처했다가 유적을 보면서 읽으니 도움이 되었다. 자전거를 타고 유적 관람을 나왔으니, 매번 길가에 자전거를 세워 놓고 자물쇠로 채워야 했다. 그럴 때마다 누군가 손대지 않을까 걱정했지만, 이곳 사람들의 착한 성품으로 볼 때 그런 일은 일어나지 않을 것 같았다.

자전거 여행자를 괴롭히는 과속 방지턱 -4일 차

- 이동: 시엠레아프 → 시소폰Sisophon
- 거리: 105km
- 누적 거리: 105km

■ 이용 도로

> 시엠레아프 → 6번 도로 → 시소폰

시엠레아프의 12월 날씨는 아침과 저녁으로 쌀쌀해서, 현지인들은 두꺼운 옷을 입었다. 시엠레아프와 작별을 하고 드디어 자전거 여행을 시작했다. 시엠레아프에서 국경도시인 포이펫까지 도로포장 상태가 양호했다. 옥에 티라면 시엠레아프에서 시소폰 방향으로 20여 km 지점부터 50km 지점까지 30km는 마치 대인 지뢰가 터진 듯, 도로 곳곳에 구멍이 나 있었고, 터지고 갈라져 있었다. 시엠레아프에서 태국으로 향하는 6번 도로 주변은 작은 언덕도 하나 없는 끝없이 펼쳐진 평야 지대였다. 햇볕

을 피해 잠시라도 쉴 수 있는 그늘
이 없었다. 곧게 난 도로를 달리려
니 지루하기 짝이 없었다.

유독 자전거 여행자를 괴롭히는 과속 방지턱

5번과 6번 도로에는 차량이나
오토바이를 대상으로 하는 과속
방지선이 있었다. 그렇지만 실질
적인 피해자는 자전거 여행자였
다. 과속 방지선은 페인트로 두껍
게 발랐는데, 차량이나 오토바이
에는 거의 영향을 주지 못하고, 짐
을 잔뜩 실은 불쌍한 자전거에만
큰 충격을 주었다. 과속 방지선이
학교 앞이라든지 속도를 줄여야
하는 건널목에 있다면 이해할 수
있겠지만, 도로 위의 아무 장소에
나 그려져 있고 심지어 사람이 살
지 않는 시골의 도로에도 널려 있

프랑스인과 중국인 자전거 여행자

어서 자전거로 선(線)을 넘을 때마다 고역이었다.

길 건너편에 성인 네 명과 어린아이 한 명으로 구성된 자전거 여행자
일행이 있었다. 그들이 필자 쪽으로 넘어와서 40여 분간 수다 떤 것을 보
면 필자보다 저들이 더 반가웠나 보다. 그들은 처음부터 일행이 아니었고
방콕에서 만나서 함께 여행을 시작하게 됐다고 한다. 그중에 프랑스 남자
프랑스와Francois는 6개월째 자전거 여행 중이었고, 프랑스 국적의 동양인

여자 사라Sarah는 4개월 전 아프리카에서부터 배낭여행을 시작해서 최근 자전거 여행자로 탈바꿈했다. 그녀는 방콕에서 싸구려 중고 자전거를 공짜로 얻었다. 리어랙은 5달러 주고 사서, 배낭을 붙들어 매고 비닐로 감쌌다. 배낭여행자에서 자전거 여행자로 변신한 그녀의 용기와 과단성이 놀라웠다. 다른 두 사람은 중국인이었지만, 부부는 아니었다. 중국 남자는 5살 딸을 트레일러에 태우고 여행 중이었다. 그들은 어제 불교 사원에서 잤다고 하는데, 그들의 뜨거운 열정과 투지가 부러웠다.

• 시소폰 숙소

숙소명	아고다 평점	숙박료
Ly Monaco Hotel	7.1	23,025원
Pyramid Hotel & Spa	6.7	21,769원
Nasa Hotel	6.4	15,674원
Phnom Svay Hotel	7.3	13,824원

＊시소폰에는 숙박업소가 많이 있으며, 가격대도 다양하다. 평점과 숙박료는 수시로 변경된다.

국경선을 넘어 캄보디아에서 태국으로 –5일 차

- 이동: 시소폰(Sisophon) – 사캐오(Sa Kaeo)
- 거리: 118km
- 누적 거리: 223km

■이용 도로

시소폰 → 5번 도로 → 포이펫 → [태국] → 33번 도로 → 사캐오

호텔 앞에서 먹은 아침식사는 꿀맛이었다. 너무 맛있어서 간식으로 가져가려고 했지만, 말이 통하지 않아서 포기했다. 까무잡잡한 여주인이 우리나라 시골 아낙네처럼 생겨서 더 정감이 갔다. 필자가 알아듣지 못한다는 걸 알면서도 현지어로 이런저런 이야기를 계속하니 그저 웃을 수밖에 없었다.

46km를 달려서 국경도시 포이펫Poipet에 도착했다. 처음 보는 젊은 친구가 필자에게 반갑게 인사했다. 누구인지 몰라서 잠시 어리둥절하니까 일본 스케이트보더라고 자신을 소개했다. 그는 스케이트보드를 타고 방콕에서 호찌민까지 가겠다고 엿새 전에 방콕에서 출발했다. 어제와 오늘은 상상을 초월하는 인물들이 나타나서 필자를 놀라게 했다.

과속 방지선이 나라마다 달랐다. 베트남은 과속 방지선이 갓길 끝까지 두껍게 발라져 있지만, 설치 장소가 많지 않아서 스트레스받을 정도는 아니었다. 캄보디아는 무수히 많은 과속 방지선을 도로 가장자리까지 높게 만들어서 그때마다 주행 속도를 줄이고 넘어가야 했다. 그런데 태국은 과속 방지선이 갓길에는 없고 차로에만 있었다. 과속 방지선의 설치 이유가

방콕에서 호찌민까지 간다는 일본 스케이트 보더

과속 차량과 오토바이 때문이라면 태국의 정책이 합리적인 셈이다.

• 사캐오 숙소

숙소명	아고다 평점	숙박료
The VELO'S hotel & BMX pump track	8.3	38,777원
Tournesol Boutique Hotel	8.2	26,165원
Golden House	7.8	17,728원
Hop Inn Sa Kaeo	8.1	15,753원
Riad Resort	8.0	14,541원

*사캐오에는 숙박업체가 많이 있으며, 가격대도 다양하다. 평점과 숙박료는 수시로 변경된다.

자전거 여행자의 필수 태국어 '피셋' -6일 차

• 이동: 사캐오Sa Kaeo → 소이 다오Soi Dao

• 거리: 83km

• 누적 거리: 306km

■ 이용 도로

> 사캐오 → 317번 도로 → 소이 다오

라이딩을 시작한 오전 5시 30분부터 해가 중천에 뜰 때까지 추위가 이어졌다. 태국이 이렇게 추울지 몰랐다. 자매인 듯한 아주머니 두 사람이

즐겁게 영업을 하는 식당에서 아침을
먹었다. 음식량(量)이 적어서 왜 '피
셋'으로 주지 않느냐고 몸으로 이야
기하니까, 그들은 필자가 먹고 있는
것이 '피셋'이라고 말하는 듯했다. '피
셋'은 태국말로 '곱빼기'를 의미하는
데, 많이 먹어야 하는 자전거 여행자
가 꼭 알아야 할 필수 태국어다. 반
접시 밖에 안되는 양(量)이 곱빼기라

아침을 먹은 두아주머니 식당

면 동남아 사람들은 정말 소식(小食)한다고 말할 수 있다.

캄보디아의 도로 주변은 대부분 논이었고, 사람들도 많이 살고 있지 않
아서 별다른 볼거리가 없었다. 그러나 사원의 나라답게 태국은 도로 주변
에 구경거리가 많아서 지루할 틈이 없었다. 태국에서는 간판에 영어로
Hotel이라고 작게 써놓아서 숙소 찾기가 쉽지 않은데, 간판에 '24'가 있
으면 숙박업소인 경우가 많았다.

• 소이 다오 숙소

숙소명	아고다 평점	숙박료
Rabbiz Hill Resort	8.5	69,072원
The Natural Garden Resort	8.8	43,624원
Check in Phureeya Ville	9.3	25,664원
Jiaw Resort	7.2	12,118원

*소이 다오에는 많은 숙박업체가 있으며, 가격대도 다양하다. 평점과 숙박료는 수시
로 변경된다.

우연히 만나 큰 도움을 준 태국인 –7일 차

- 이동: 소이 다오Soi Dao → 짠타부리Chanthaburi
- 거리: 77km
- 누적 거리: 383km

■ 이용 도로

소이 다오 → 317번 도로 → 3번 도로 → 3154번 도로 → 짠타부리

베트남에서는 호텔의 주인이나 종업원들과 말은 통하지 않지만, 눈빛과 몸동작으로 많은 소통을 할 수 있었다. 하지만 캄보디아와 태국에서는 손님과 종업원의 관계, 그 이상도 그 이하도 아니었다. 베트남 사람들은 오전 6시에 하루를 시작하지만, 태국은 아침 7시가 돼서야 사람들이 움직이기 시작했다.

317번 도로는 '끄랏'으로 가는 유일한 도로라서 통행 차량이 많았다. 그래도 도로가 산간지역을 통과해서 나름으로 운치는 있었다. 이곳에도 계절풍이 있을 텐데 바람의 방향이 일정하지 않았다. 아침에는 동풍이 불다가 시간이 가면서 점차 강한 북풍이 불어서 힘들이지 않고 시속 20km 이상을 유지할 수 있었다. 오늘 코스 중간에 고도 260m 고개가 있어서 긴장했는데, 경사가 완만해서 언제 올랐나 싶을 정도로 힘들지 않게 올라왔다. 대신 내리막은 급한 경사로 되어 있어서 라이딩을 시작한 지 3시간 만에 목적지에 도착했다. 오늘은 숙제를 너무 일찍 끝냈다.

짠타부리 시내에 진입하다가 우연히 자전거 수리점을 발견했다. 흔들

짠타부리 바닷가 풍경

리고 있는 바텀 브래킷(BB)을 수리하려고 견적을 의뢰하니 1,000밧(약 34,000원)이 나왔다. 수리하면 될 텐데, 계속 새것으로 교체하라고 부추겼

다. 카톡으로 한국의 자전거 전문가에게 알아봤더니, 한국보다 수리비가 비쌌다. 일단 호텔 로비로 돌아와서 수리할지 말지를 고민하던 중에 어떤 태국인이 필자의 여행용 자전거에 큰 관심을 보였다. 답답하던 차에 그에게 바텀 브래킷의 문제점을 이야기하자, 그는 어디론가 전화를 했다. 얼떨결에 그의 차를 얻어 타고, 그의 지인이 운영하는 자전거 가게에 갔다. 그곳에서 500밧(약 17,000원)에 바텀 브래킷

자전거 수리에 도움을 준 태국인

를 수리할 수 있었다. 우연한 만남 덕분에 그동안 자전거에서 났던 소음과 진동이 사라졌다.

크리스마스 이브를 자축하려고 편의점에 들려서 바구니에 이것저것 담았다. 맥주도 사려고 계산대에 올려놓으니 종업원이 태국말로 뭐라고 하는데 알아들을 수 없었다. 필자처럼 그녀도 답답했는지 진열대에 꽂혀 있던 안내문을 보여주었다. 주류(酒類)를 아무 때나 판매하는 게 아니고 시간이 정해져 있었다. 세상에 참으로 이상한 법이 있었다.

- 짠타부리 숙소

숙소명	아고다 평점	숙박료
Peggy's Cove Resort	8.8	91,117원
Rimnaam Klangchan Hotel	8.6	60,262원
Hop Inn Chanthaburi	8.1	16,543원
Ban Chankrajang@Chanthaburi	9.1	16,543원

＊짠타부리에는 많은 숙박업체가 있으며, 가격대도 다양하다. 평점과 숙박료는 수시로 변경된다.

태국 어부의 삶이 녹아 있는 해안 도로를 따라서 -8일 차

- 이동: 짠타부리Chanthaburi → 팍남 프라새Pak Nam Prasae
- 거리: 93km
- 누적 거리: 476km

■ 이용 도로

> 짠타부리 → 3348번 도로 → Thetsaban 4 → Thetsaban 3 → Thetsaban 2 → 4036번 도로 → 4002번 도로 → 5027번 도로 → 4036번 도로 → 팍남 프라새

오늘은 크리스마스이다. 태국은 불교 나라인데도 크리스마스가 공휴일인 듯 거리가 한산하고 음식점도 문을 닫았다. 길가의 간이 식당에서 스티로폼 용기에 담긴 도시락 2개로 아침을 해결했다. 한국에서 사전에 라이딩할 코스를 스마트폰에 저장한 덕분에, 3번 도로가 아닌 해안가를 따라서 라이딩을 시작했다. 스마트폰 지도 하나만 믿고 짠타부리 남쪽의 구불구불한 길로 들어섰다.

해안 도로를 따라서 태국 어부들의 삶이 있었다. 해를 따라서 천천히 서쪽으로 이동하며 태국의 어촌 풍경을 호기심 가득한 시선으로 바라보았다. 이렇게 출발점부터 목적지까지 하나하나 살피면서 여행할 수 있는 게 자전거 여행의 매력이 아닐까 한다. 기회가 되면 다음에 꼭 다시 찾고 싶은 길이었다.

팍남 프라새Pak Nam Prasae에는 호텔이 없고, 홈스테이만 있었다. 필자가 묵은 방은 바다와 바로 연결되는 강 옆에 위치해서 운치가 있었다. 숙박료는 350밧(약 11,900원)이었다.

아침 식사는 '워터 라이'로 -9일 차

• 이동: 팍남 프라새Pak Nam Prasae → 라용Rayong
• 거리: 91km
• 누적 거리: 567km

■ 이용 도로

> 팍남 프라새 → 4036번 도로 → 3161번 도로 → 3145번 도로
> → 1007번 도로 → 3번 도로 → 1001번 도로 → 3번 도로 → 라용

　홈스테이 여주인이 아침식사로 '워터 라이'를 준다고 하길래 뭔가 했더니 바로 '쌀죽'이었다. 태국 사람들은 영어 발음 끝에 '스'가 나오면 '스'를 발음하지 않았다. '게스트하우스'는 '겟하우'로, '라이스'는 '라이'로 발음했다. 돼지고기와 닭고기를 갈아서 넣은 쌀죽 두 그릇을 먹고 숙소를 나섰다. 오늘도 해안선을 따라 달리는 코스가 많았다. 어제처럼 멋지고 아름다운 길의 연속이었다. 한적한 도로를 오토바이로 달리는 사람, 툭툭Tuk Tuk을 가족이 함께 타고 가는 사람, 현지의 젊은 여자 손을 잡고 다니는 서양 시니어들, 조금 추울 텐데 개의치 않고 바닷물에 들어가 있는 사람 등등. 이곳에도 각양각색의 사람들이 저마다의 방식으로 살아가고 있었다.

　자신을 자전거 여행자라고 소개한 캐나다인이 필자에게 접근했다. 우선 자전거 여행자라니 동지애부터 느껴졌다. 오래간만에 영어를 모국어로 사용하는 사람과 대화하니 평소보다 잘 들리는 듯했다. 그는 나이가

필자와 같았지만, 나이보다 젊어 보였다. 보통의 한국 사람들이 하는 것처럼 우리는 누가 형인지 생일을 비교해 보았다. 그가 형이었다. 9월생인 필자보다 한참 빠른 1월생이라며, 자신이 형이라고 목에 힘을 주었다. 10여 년 전까지 캐나다에서 호텔과 게스트하우스를 운영했지만, 여행이 좋아서 생업을 팽개치고 세계를 여행하고 있었다.

캐나다 자전거 여행자인 마이클과 함께

• 라용 숙소

숙소명	아고다 평점	숙박료
Kameo Grand Hotel & Serviced Apartments Rayong	8.3	73,100원
Varee Diva Central Rayong	8.7	40,719원
Sabaidee Beach	8.1	24,367원
Hop Inn Rayong	8.6	14,620원

*라용에는 많은 숙박업체가 있으며, 가격대도 다양하다. 평점과 숙박료는 수시로 변경된다.

인명을 존중하는 태국 운전자들 –10일 차

- 이동: 라용Rayong → 파타야Pattaya
- 거리: 95km
- 누적 거리: 662km

■ 이용 도로

> 라용 → Yomjinda Rd → Rajbamrung Rd → Soi Klang Thung → Trokyaycha Rd → Yai Cha Alley → 363번 도로 → 3392번 도로 → Nongfab Rd → Phla Rd → Thanon Pla → 3번 도로 → 332번 도로 → 3376번 도로 → 1003번 도로 → 3번 도로 → 파타야

태국 사람들에게 놀라운 변화가 있었다. 몇 개월 전에 말레이시아 쿠알라룸푸르에서 태국 방콕으로 자전거 여행할 때 필자한테 엄청난 경적 소음을 준 태국 사람들이 이번 여행에서는 태국 입국한 지 엿새가 지났는데도, 오토바이 운전자 딱 한 명만 필자에게 경적 선물을 주었다. 태국인의 배려심을 엿볼 수 있는 사례가 또 있다. 전방 20여 m 골목길에서 큰길로 차량이 나온다고 가정하면, 우리나라 운전자는 자전거가 오거나 말거나 무시하고 그냥 큰길로 나온다. 하지만 놀랍게도 태국의 운전자는 필자가 지나가기를 기다린 다음에 주(主)도로에 합류했다. 인정하기 싫지만, 우리보다 한 수 위의 인명 존중의 자세와 교통문화를 가지고 있었다.

저 멀리 전방에 태국인으로 보이는 자전거 라이더 2명이 가고 있었다. 그들에게 방콕 주변의 자전거 코스를 물어보려고 속도를 높였다. 그렇지

만, 패니어를 달고 있는 필자가 빈 몸으로 자전거를 타는 그들을 따라잡기가 어려웠다. 태국인 라이더를 만나기가 쉽지 않으니 이 기회를 놓치고 싶지 않았다. 숨이 목까지 차오를 정도로 페달을 빠르게 돌렸다. 그들과의 거리가 가까워졌다고 생각해서 목소리를 높여 그들을 불렀지만, 주변 차량의 소

중국계 미국인 친CHIN과 뉴저지 태생인 리스RHYS

음 때문에 필자가 부르는 것을 듣지 못한 듯했다. 시속 35km까지 자전거 속도를 올려서 한참을 달린 후에야 그들을 세울 수 있었다. 그들은 태국인이 아니었다. 한 사람은 뉴저지 태생인 55년생 리스RHYS였고, 다른 사람은 뉴욕이 고향인 54년생 중국계 미국인 친CHIN이었다. 그들은 파타야에 거주하고 있어서, 방콕 주변의 자전거 길에 대해서는 모르고 있었다. 대신 파타야로 가는 멋진 길을 알고 있다며 같이 라이딩을 하자고 제안했다. 그들을 멈춰 세우기 위해서 무진 애를 썼는데, 그들을 만나고 나서도 20kg이 넘는 짐을 달고 감당할 수 없는 빠른 속도로 50여 km를 주행해야 했다. 그래도 한국인의 자존심이 있어서 남아 있는 마지막 기력까지 짜내며 그들이 안내하는 골프장을 가로지르는 멋진 코스를 경험했다.

그들은 필자가 귀국할 때 파타야에서 방콕까지 도로에 차량이 많아서 위험하니, 꼭 버스를 타고 방콕에 가라고 조언했다. 어제 만났던 캐나다 라이더 마이클도 파타야에서 방콕까지 자전거로 가려다가 너무 많은 차량 때문에 포기하고 버스를 탔다고 했다.

• 파타야 숙소

숙소명	아고다 평점	숙박료
Kept Bangsaray Hotel Pattaya	9.0	213,478원
Sea sand Sun Resort and Villas	8.3	120,525원
Costa Village Pool Villa Hotel	8.1	61,233원
KTK Regent Suite	8.1	46,906원
Adelphi Pattaya Hotel	8.2	37,758원
Butterfly Garden Boutique Residence	8.9	27,291원

＊파타야에는 숙박업소가 많이 있으며, 가격대도 다양하다. 평점과 숙박료는 수시로
변경된다.

파타야 거주 미국인과의 만남 –11일 차

• 관광: 파타야

• 거리: 0km

• 누적 거리: 662km

어제 만났던 리스RHYS에게서 오늘도 같이 라이딩하자는 이메일이 왔
다. 어제는 필자가 패니어를 달고 있어서 그들과 제대로 라이딩을 즐기지
못했지만, 오늘은 짐이 없으니 쉽게 따라갈 수 있으리라 생각했다. 우리
세 명은 파타야 외곽으로 나갔다. 출발 전에 리스가 필자의 평소 라이딩
속도를 물었다. 그래도 자존심은 있어서 살짝 과장된 평속을 알려 준 것
이 화근이 될 줄 몰랐다. 그는 필자를 배려한다고 딱 그 속도에 맞춰서 대

열을 이끌었다. 그 속도로 평지는 그런대로 따라갈 수 있었지만, 계속 나타나는 오르막에서는 그들과 보조 맞추기가 힘들었다. 리스와 친은 교대로 선두로 나서서 차량이 거의 다니지 않는 멋진 코스로 필자를 안내했다.

대열의 선두에 서게 되면 공기의 저항을 받아서 체력적으로 힘들다. 필자의 경험상 최소 20% 이상 체력적 부담을 더 지게 된다. 지금까지 리스와 친이 교대로 선두에 섰으니, 이제 필자의 차례가 되었지만, 스스로에게 길을 모른다는 핑계를 대면서 앞으로 나서지 않았다. 그만큼 그들의 라이딩 속도가 심적 부담이 되었다. 나이는 거의 비슷하지만, 선천적으로 타고난 그들의 체력을 따라갈 수 없었다. 주행거리가 100km를 넘어가니, 마침내 그들도 필자에게 기회를 주려는 듯 살짝 뒤로 빠졌다. 그들의 이런 행동은 필자가 선두로 나설 때가 되었다는 것을 의미했다. 체력적으로 힘든 상태였지만, 온 힘을 다해서 최선을 다하는

친CHIN과 리스RHYS와 함께 부처산Buddha Mountain에서

파타야 바닷가 풍경이다.

모습을 보여 주었다. 오르막과 내리막을 구분하지 않고 꾸준한 속도를 유지하는 그들과의 라이딩은 필자의 체력적 한계를 뛰어넘는 극기 운동이 되고 말았다.

인종과 국경을 초월한 신년 새해 행사 –**12일 차**

- 관광: 파타야
- 거리: 0km
- 누적 거리: 662km

파타야에서 맞이한 신년 새해

오늘은 혼자서 자전거를 타고 파타야 외곽으로 나왔다. 어느 시골 과일 가게에 할아버지와 며느리, 손자까지 3대가 나와서 영업하고 있었다. 과일 가격이 파타야의 1/3도 안 되었다. 바나나 3개와 파인애플 3개가 1,000원이었다. 바나나는 배낭 속에 넣고, 파인애플은 리어랙에 매달았다. 저녁에 맥주를 마시고 싶어서 리스에게 전화했더니, 그가 가족 모두를 데리고 나와서 파타야의 센트럴 디파트먼트 스토아Central Department Store 일식집에서 함께 식사했다.

파타야에서 맞이한 신년 새해는 색다른 추억이었다. 한국에서는 신년 맞이로 보신각 타종 보는 것이 전부였는데, 태국 파타야 바닷가의 송구영신 행사는 필자가 능동적으로 참여해서 즐기는 이벤트였다. 부부나 연인, 가족들이 힘을 합쳐서 하늘로 '풍등'을 날리며 기도하는 모습, '풍등'이 바다에 빠지지 않고 하늘로 날아가면 주변 사람들도 손뼉을 쳐주고 같이 기뻐해 주었다. 인종과 국경을 초월해서 낯선 주변 사람들의 행복한 새해까지 빌어주는 모습이 필자에게 감동으로 다가왔다.

• 파타야 숙소

숙소명	아고다 평점	숙박료
Kept Bangsaray Hotel Pattaya	9.0	213,478원
Sea sand Sun Resort and Villas	8.3	120,525원
Costa Village Pool Villa Hotel	8.1	61,233원
KTK Regent Suite	8.1	46,906원
Adelphi Pattaya Hotel	8.2	37,758원
Butterfly Garden Boutique Residence	8.9	27,291원

*파타야에는 숙박업소가 많이 있으며, 가격대도 다양하다. 평점과 숙박료는 수시로 변경된다.

• 파타야 → 수안나품 공항 운행버스 (389번 버스)

- 출발지: JOMTIEN BEACH (http://airportpattayabus.com)
- 운행 시간: 07:00 ~ 21:00 (1시간 간격 운행)
- 요금: 130밧 (약 4,420원, 20kg 이내의 짐 한 개와 작은 가방 하나는 무료)

- 자전거 운임: 200밧(약 6,000원) 별도

- 전화번호: 086-324-2389 (파타야)

- 기타: 벨 트레블 서비스(http://www.belltravelservice.com)의 버스 요금

  파타야 → 수안나품 공항 240밧(약 8,160원)

  파타야 → 방콕 시내 370밧(약 12,580원)

그는 태국에 정착했다

태국 파타야 인근에서 만난 미국인 리스는 뉴저지가 고향인 전기 엔지니어다. 그가 근무했던 UOP사가 뉴욕에서 시카고로 본사를 이전해서 퇴사하고, 자영업을 시작했다고 한다. 그는 자신만의 직업정신과 기술로 일

본과 중국, 싱가포르 등의 많은 회사와 거래를 하고 있고 우리나라의 에
쓰오일과 SK에서도 일거리를 주어서 한국에도 종종 들린다고 한다. 태국
인 부인과 결혼해서 슬하에 자녀 3명을 두고 있는데, 아이들이 아직 어리
기 때문에 자신은 죽는 날까지 일을 해야 한다고 넋두리를 했다.

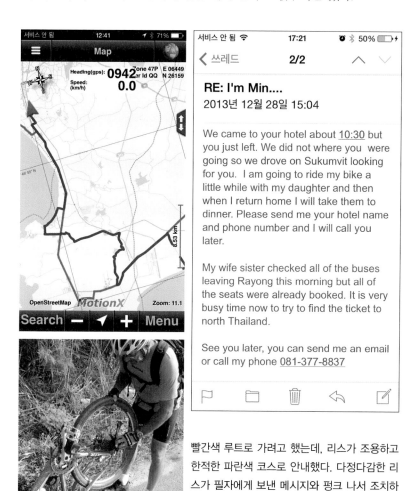

빨간색 루트로 가려고 했는데, 리스가 조용하고
한적한 파란색 코스로 안내했다. 다정다감한 리
스가 필자에게 보낸 메시지와 펑크 나서 조치하
는 장면이다.

*본 콘텐츠는 2013년 12월 기준으로 작성되었습니다. 현지 사정에 의해 정보가 달라질 수 있습니다.

태국 자전거 여행

■ 태국

태국은 말레이반도와 인도차이나반도 사이에 걸쳐 있는 나라이다. 동쪽으로 라오스와 캄보디아, 남쪽으로 타이만(灣)과 말레이시아, 서쪽으로 안다만(灣)과 미얀마에 접해 있다. 국토 면적은 51만 4000km²로, 남한의 5배가 넘고 프랑스나 미국 캘리포니아주와 비슷하다. 공식 국호가 시암(태국어 : 사얌)이었던 것을 1939년에 타이로 고쳤다가 1949년에 다시 시암으로 바꾸고, 1949년 현재의 타이(한자 문화권에서는 泰國), 영어권에서는 타일랜드Thailand로 변경했다.

자연환경에 따라 태국을 크게 네 지역(북부, 중부, 동북부, 남부)으로 구분하며, 지역마다 여러 가지 다른 특징을 보인다. 그중 남부지역은 대부분 산지이고, 타이만(灣)에 접하는 동편에는 소규모 해안평야가 형성되어 자급자족할 수 있는 벼농사가 이루어진다. 태국은 불교와 사원의 나라이다.

국민의 95% 이상이 불교 신자이며, 대부분 소승 불교 신자이다. 태국의 승려는 한국과 달리 육식과 음주를 할 수 있지만, 정오 이후에는 식사를 할 수 없다. 그리고 여성은 승려와 접촉할 수 없다. 또한 왕실에 대한 믿음과 존경이 대단한 나라이며, 조상에 대한 존경은 태국의 중요한 정신적 관습의 한 부분이다.

음식은 다섯 가지 기본적인 맛인 단맛, 향이 강한 맛, 신맛, 매운맛, 짠맛이 어우러져 있다. 태국은 전통적인 유적과 첨단 문명이 잘 맞물려 현대적인 발전을 추구하면서도 푸른 하늘 아래 황금빛으로 빛나는 수많은 사원과 관광 유적들이 잘 보존되어 있는 매력적인 나라이다.

출처: 위키백과

┤ 태국 날씨 ├

태국은 동남아시아의 다른 나라와 마찬가지로 열대 몬순 지대에 속한다. 수도 방콕의 연중 가장 더운 4월의 평균 기온이 섭씨 29.5°C이며, 가장 시원한 12월의 평균 기온은 섭씨 25.3°C이다. 기온의 연교차는 4.2°C에 불과하여 매우 단조로운 기후라고 할 수 있다. 여름은 3월~5월, 우기는 6월~10월, 가을은 11월~2월인데, 태국을 여행하려면 가을에 가는 것이 좋다.

출처: 위키백과

┤ 방콕 ├

방콕의 역사는 1782년, 라마 1세가 톤부리에서 차오프라야강 연안으로 수도를 옮기면서 시작되었다. 방콕은 약 3천 년간 지속되어 온 독립 왕국으로서 태국의 문화유적과 풍물 등 각종 관광자원이 많으며, 동서양을 잇는 아시아의 관문이기도 하다. 방콕은 고풍스러운 전통과 현대의 멋을 지녔고, 태국인 특유의 미소와 여유로 여러 나라의 관광객을 끌어들이는 매력을 가지고 있다.

방콕의 해발고도는 2m이며, 열대 기후의 특성상 비가 많이 내리는 우기에는 저지대 제방 주변에 큰 홍수가 발생한다. 세계 기상 기구는 방콕을 세계에서 가장 더운 도시로 선정한 적이 있는데, 1983년 3월에 기록한 기온이 40.8°C이었으며, 가장 낮은 온도는 1955년 기록한 9.9°C이었다.

출처: 위키백과 등

Chapter 9.

춤폰(1) → 방사판(1) → 꾸이 부리(1) → 후아힌(1) [4박 5일]

파란색 아이콘은 필자가 숙박한 도시 또는 마을이다.

■ 코스 특징

춤폰에서 후아힌에 이르는 311km는 거의 평지에 가깝다. 춤폰에서 방사판까지 가는 첫날 57km 지점과 81km 지점에 고도 100m도 채 안 되는 언덕만 있을 뿐이다.

• **인천 → 방콕 직항편**

  대한항공, 아시아나항공, 타이항공, 진에어, 제주항공, 이스타항공 등

• **방콕(돈므앙) – 춤폰 국내선 항공편**

항공사	방콕 출발	춤폰 도착	비고
녹 에어 Nok Air	05:45	6:45	
	17:40	18:40	

• **방콕 – 춤폰 기차편(www.thairailwayticket.com)**

열차번호	방콕 출발시각	춤폰 도착시각	기차종류
43	8:05	14:36	Special Express
171	13:00	21:12	Rapid
31	14:45	22:34	Special Express
37	15:10	23:15	Special Express
45	15:10	23:15	Special Express
169	15:35	0:42	Rapid
83	17:05	1:16	Express
173	17:35	2:48	Rapid
167	18:30	3:18	Rapid
85	19:30	4:13	Express
39	22:50	5:49	Special Express

어디로 가는지, 언제 오는지 묻지 않았다 -1일 차

■ 관광: 춤폰(Chumphon)

┤ 춤폰(Chumphon) ├

춤폰은 말레이반도 상부의 타이만 연안에 있으며, 방콕에서 남쪽으로 약
463km 떨어져 있다. 춤폰은 춤폰주의 주도(州都)로, 인구가 2015년 기준
으로 5만 명인 소도시이다. 또한 태국 남부의 관문이며 아름다운 해변과 자
연 휴양지가 있다.

출처: 위키백과

스노클링과 풀문 파티로 유명한 타오
섬과 팡안 섬으로 들어가는 관문인 춤
폰의 기차역과 불교 사원이다.

필자보다 먼저 태국을 다녀온 어떤 자전거 여행자는 태국 도시 중에서
춤폰이 가장 기억에 남는다고 했다. 그런 춤폰이 어떤 모습으로 필자를
반길지 자못 기대되었다. 이 도시를 경험하려고 고기잡이 어선들이 정박
해 있는 팍남Pak Nam항구로 향했다. 부두 앞에는 주택과 가게가 닥지닥지

붙어 있어서 여행자에게는 이채로운 풍경이었지만, 그곳에 살라고 하면 답답해서 하루도 못 버틸 것 같았다. 딱히 갈 곳이 없는 필자와 순찰 보트를 만지작거리던 해양경찰의 눈길이 마주쳤다. 그는 거들먹거리는 표정으로 태국어로 뭐라고 하는데, 같이 보트에 타지 않겠느냐고 하는 것 같았다. 마다할 이유가 없어서 자전거를 선착장 난간에 묶어 놓고 해양경찰의 순찰 보트에 올라탔다. 어디로 가는지, 언제 돌아오는지 묻지 않았다. 그냥 그를 믿고 따라나섰다. 10여 분 넘게 순찰 보트는 내륙의 수로를 따라서 들어가다가 어느 이름 모를 부두에 닻을 내렸다.

작은 체구의 검게 그을린 젊은 어부들이 배에서 생선 하역작업 중이었다. 감독하는 사람이 없는데도 스스로 알아서 열심히 일하는 모습이 보기 좋았

춤폰의 바닷가 풍경과 선착장이다.

다. 부두의 이곳저곳을 한 시간 정도 돌아다니다 보니, 어디로 갔는지 보이지 않던 해양경찰이 오징어와 꽃게를 한 보따리 들고 나타났다. 그는 순찰 업무와 대민 봉사를 같이하고 있었다. 공무를 마친 그는 배에 올라

춤폰 바닷가의 하역 장면과 색다른 형태의
어선이다.

바닷물이 양쪽으로 시원스럽게 갈라질 정도로 배의 속도를 높였다. 우연
히 만난 태국의 해양경찰 덕분에 태국만(灣)을 신나게 질주해 보았다.

• 춤폰 숙소

숙소명	아고다 평점	숙박료
Sara Beachfront Boutique Resort	9.0	104,455원
Magic House Resort	9.4	47,515원
Retro Box Hotel	8.6	18,275원
Hop Inn Chumpon	8.4	14,620원

*춤폰에는 숙박업소가 많이 있으며, 가격대도 다양하다. 평점과 숙박료는 수시로 변
  경된다.

'내로남불' 불볕더위에 항복했다 –2일 차

- 이동: 춤폰Chumphon → 방사판Bang Saphan
- 거리: 108km
- 누적 거리: 108km

■ **이용 도로**

> 춤폰 → 3180번 도로 → 3201번 도로 → 4004번 도로 → 3253번 도로
> → 4015번 도로 → 1015번 도로 → 3374번 도로 → 방사판

안개가 살짝 낀, 여명의 춤폰 교외를 상쾌한 기분으로 주행하며 태국에서의 새 아침을 맞이했다. 새벽 라이딩은 마음을 편하게 해주는 매력이 있다. 빼곡한 초록의 열대 나무 덕분에 눈이 시원한 데다가, 아직 열대의 태양이 뜨거워지기 전이라서 상쾌하고 시원한 게 그만이었다. 춤폰에서 북쪽으로 향하는 3180번 도로변의 Na Thung 지역에 열대우림과 어울리는 멋진 저택이 여러 채 있었다. 자연에 파묻힌 이런 집에서 살면 절로 힐링이 될 것 같았다. 아침 식사를 위해서 찾아간 식당 여주인은 필자가 한국에서 왔다는 것을 알고는 그렇게 기뻐할 수가 없었다. 그녀는 30년 전에 방콕의 대우전자에서 사무직으로 근무했는데, 당시 동료였던 미스터 한과 미스터 정이 그녀에게 좋은 추억을 많이 남겨 주었다고 한다. 필자의 출현이 그녀의 처녀 시절의 기억을 되살리게 해서 필자 역시 기분이 좋았다. 불볕더위가 본격적으로 시작되기 전의 50km 주행은 두고두고 잊지 못할 라이딩이 되었다.

춤폰주 카바나 비치|Cabana beach이다.

스웨덴 자전거 여행자와 곧 비가 올 것 같다며 걱정해 주던 과일 노점 여주인이다.

'남이 하면 불륜이고 내가 하면 로맨스이다' 동서양을 막론하고 해는 동쪽에서 뜬다. 그러니 북진할 경우 오전에 도로의 우측에 가로수 그림자가 있고, 좌측에는 없다. 후아힌은 춤폰에서 북쪽으로 270km 지점에 있다. 좌측통행하는 태국에서 북쪽으로 향할 때 도로 좌측을 달려야 하는데, 그야말로 100% 뜨거운 햇볕에 노출된다. 어떤 나라의 어떠한 법이라도 지켜야 하지만, 불볕더위에 항복하고 우측 갓길로 역주행하고야 말았다. 오늘은 법보다 생존이 우선이었다.

문득 우리나라가 동남아시아 여러 나라의 장점만 합치면 세계적인 관

방사판에서 하룻밤을 묵은 숙소이다.

광 대국이 되지 않을까 하는 뜬금없는 상상을 해보았다. 말레이시아의 교통법규 준수 마인드와 안전한 치안상태, 베트남의 바닷가 경치와 근면함, 태국의 다양한 먹거리와 저렴한 숙박비, 필리핀 사람들의 친절함과 영어 의사소통 능력 등을 합치면 세계 어느 나라도 부럽지 않을 것이다. 춤폰을 출발한 지 8시간 만에 목적지인 방사판Bang Saphan에 도착했다.

멋진 디자인의 이층 버스 제작사는 세계 굴지의 벤츠, 미쓰비시 등이었다.

• 방사판 숙소

숙소명	아고다 평점	숙박료
I - Talay Resort	8.4	43,860원
The Theatre Villa	9.4	32,489원
Baan Love At Sea	8.6	24,367원
@MyHome Resort Bangsaphan	8.0	21,930원

*방사판에는 숙박업체가 많이 있으며, 가격대도 다양하다. 평점과 숙박료는 수시로 변경된다.

새벽 라이딩의 난적 -3일 차

• 이동: 방사판Bang Saphan → 꾸이부리KuiBuri
• 거리: 118km
• 누적 거리: 226km

■ 이용 도로

> 방사판 → 3374번 도로 → 3169번 도로 → 4045번 도로 → 1050번 도로 → 3459번 도로 → 1029번 도로 → 1048번 도로 → 4번 도로 → 3167번 도로 → Sao Noi Rd → Pin Anuson Rd → 1034번 도로 → 1047번 도로 → 4번 도로 → 4020번 도로 → 꾸이부리

대낮의 불볕더위를 피하려고 새벽 5시에 출발 준비를 마쳤지만, 밖이 너무 깜깜해서 출발하기가 부담스러웠다. 방에서 30분을 더 머물다가 길

을 나섰다. 그런데 시원한 새벽 라이딩에 골칫거리가 있었다. 바로 견공들이었다. 낮보다 새벽에 개들이 더 몰려다녔다. 어디서 나왔는지 개들이 단체로 덤벼들었다. 개가 덤빌 때는 개를 무섭게 째려보는 필살기가 어두운 새벽에는 효과가 없었다. 아무리 무섭게 노려봐도 개들이 필자의 그런 표정

한낮의 더위를 피하려고 새벽 6시도 안 돼서 출발하니 아직 어둠이 가시지 않았다.

을 볼 수 없으니, 유일한 방법은 발바닥에 땀이 나도록 페달을 돌려서 도망치는 것뿐이었다. 아침부터 죽을 둥 살 둥 삼십육계하고 나니, 빈속에 허기가 진하게 느껴졌다.

안개 낀 해안도로의 풍경이 너무 좋아서 가다 서기를 반복하며 연신 카메라 셔터를 눌렀다. 자연히 라이딩 속도가 늦어지고, 2시간을 넘게 탔는

남중국해를 따라서 멋진 해안도로가 연결되어 있었다.

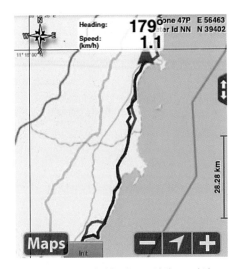
최대한 해안가에 가까운 길로 구성된 gpx파일

데도 겨우 24km밖에 가지 못했다. 한국에서 동남아 자전거 여행코스 gpx파일을 만들 때 최대한 해안가에 가까운 길로 가려고 많은 시간을 투자했다. 그런데 구글 위성 지도상에 해안가 일부 도로 색깔이 하얗게 되어 있고, 차선도 보이지 않아서 모래밭이나 비포장도로일 것으로 짐작했는데, 대부분 콘크리트 또는 아스팔트 포장도로였다. 포장상태가 썩 좋은 것은 아니지만, 자전거 타기에 불편함이 없었다.

말레이시아와 마찬가지로 태국 사람들도 국기 사랑이 대단했다. 국경일도 아니고 평일인데 대부분 집은 국기를 밖에 내걸고 있었다. 각종 경축일에도 국기를 걸지 않는 우리와 비교되었다.

결국, 우려하던 사고가 터졌다. 개 두 마리가 한꺼번에 달려들기에 도망가면서 자전거 열쇠를 휘두르다가 그만 중심을 잃고 말았다. 외국에서 다치면 안 되는 데라는 생각이 순간적으로 스쳐 지나가면서 갓길의 잡초 경사지에 고꾸라졌다. 낙차 사고에도 불구하고 자전거에는 이상이 없었지만, 왼손 엄지손가락이 시퍼렇게 멍들었다. 거기에 오른쪽 어깨부터 땅바닥으로 떨어졌는지 어깨가 아파서 오른손을 위로 들어 올릴 수 없었다. 현장 주변에 있던 태국 현지인 몇 명이 여기저기 흩어져 있던 가방 소지품을 챙겨 주었다. 지금 몸 상태로 계속 자전거 탈 수는 있지만, 오른손이 아파서 끌고 다니기는 어려울 듯했다. 그나마 아스팔트나 콘크리트 도로

개를 쫓으려고 휘두른 자전거 열쇠와 시퍼렇게 멍든 엄지손가락

에 떨어지지 않은 게 천만다행이었다.

태국을 비롯한 동남아시아의 갓길은 우리나라처럼 있으나 마나 한, 도로 끝의 자투리 공간에 설치된 차로가 아니었다. 오토바이와 자전거를 위한 정식 차로였다. 갓길의 폭도 일반 차로와 거의 같았다. 그러니 네 바퀴 달린 차들이 넘보지 않는 호젓한 갓길을 두 바퀴 탈 것이 달리니, 우리가 생각하는 것처럼 동남아시아 자전거 여행이 위험하지 않았다.

한낮 기온이 얼마나 올랐는지 스마트폰에서 온도를 낮추라는 경고 메시지가 떴다. 점심 식사하러 들어간 식당에서 선풍기 바람으로 아이폰을 식혀야 할 정도였다. 태국 쁘라쭈압키리칸 국립공원 앞 도로에 태극기를 꽂은 우리나라 젊은 자전거 여행자 두 명이 있었다. 그들도 필자처럼 신호를 기다렸는데, 아시안 하이웨이가 우리를 멀찍이 갈라 놓고 있었다. 당장 달려가서 안아 주고 싶은 마음이었지만, 고속도로 때문에 가지 못하고 소리를 질러서 그들의 안전한 라이딩을 기원해 주었다.

• 꾸이부리 숙소

숙소명	아고다 평점	숙박료
Dhevan Dara Beach Villa - Kui Buri	8.1	59,057원
Long Beach Inn	8.5	44,672원
Lyndale Lodge	9.5	26,747원
Blue Beach Resort	7.3	17,057원

＊꾸이부리에는 숙박업체가 많이 있으며, 가격대도 다양하다. 평점과 숙박료는 수시
로 변경된다.

동양인보다 서양인, 서양 젊은이보다 서양 노인이 많은 곳 -4일 차

• 이동: 꾸이부리KuiBuri → 후아힌Huahin

• 거리: 85km

• 누적 거리: 311km

■ 이용 도로

> 꾸이부리 → 4020번 도로 → 4008번 도로 → DPT Rd → 3168번 도로
> → 1019번 도로 → 4번 도로 → 후아힌

┤ 후아힌 ├

'신들의 휴양지'이며 '돌머리'라는 뜻의 후아힌은 방콕에서 남쪽으로
200km 떨어져 있다. 1926년 태국 왕가에서 여름 별장인 끌라이 깡원(근심
이 없는 곳)을 세운 뒤부터 발전하기 시작했고 왕족의 영구 거주지가 되었
다. 특히 5km에 이르는 후아힌 해변은 맑은 물과 깨끗한 모래사장으로 유명

하다. 후아힌 기차역은 태국에서 가장 오래된 기차역이다. 라마 6세 때 지어진 것으로 알려져 있는데, 이 역은 태국의 전통양식으로 지어져 화려한 외관을 자랑한다. 실내에는 증기기관차를 전시하고 있어 관광객에게 좋은 볼거리를 제공하고 있다.

출처: 위키백과, 네이버 지식백과 등

여행잡지에서 세계에서 아름다운 역 중의 하나로 선정된 후아힌역이다.

자전거에서 떨어질 때 다친 왼손 엄지손가락의 붓기는 여전했지만, 다행히 오른쪽 어깨는 증상이 악화되지 않았다. 호텔 주인인 초등학교 여교사 부부가 출근하면서 행운을 빌어 주었다. 오늘의 호텔 근무자는 자신의 할아버지가 하이난섬 출신의 중국인이라며 띄엄띄엄 영어로 자신을 소개했다.

한적한 해안도로로 가는데 갑자기 도로가 끊기고 모래 둔덕이 나타났다. 되돌아가기에는 너무 깊숙이 들어와서 그냥 통과하기로 마음먹었다. 아픈 어깨로 자전거를 둘러메고, 푹푹 빠지는 모래 둔덕을 20여 분 가는

꾸이부리의 숙소는 현직 여교사가 운영했다.

고생을 했다. 가끔은 이런 낭패를 겪지만, 그래도 가급적 현지인의 삶을 볼 수 있는 이면 도로를 이용해서 라이딩하고 싶었다.

후아힌이 가까워지면서 오토바이를 탄 서양 시니어가 많이 보였다. 이들은 적은 비용으로 따뜻한 나라에서 은퇴 생활을 즐기는 노인들이었다. 시내 초입에 적당한 호스텔이 있어서 숙박료를 문의하니 600밧(약 20,400원)이었다. 생각했던 숙박료보다 비싸서 그냥 나가려니 여주인이 필자를 붙들고 끝까지 놓아 주지 않았다. 그러면서 선풍기 방에 이틀 묵는 조건으로 700밧(약 23,800원)을 제시했다.

후아힌은 유럽의 휴양도시를 그대로 태국에 옮겨 놓은 듯했다. 뒷골목의 커피하우스, 와인하우스, 유럽 스타일 음식점에 서양 사람들이 가득했다. 특히 힐튼호텔 주변은 동양인보다 서양인이, 서양 젊은이보다 서양

카오쌈러이욧Khao Sam Roi Yot 국립공원을 통과했다.

후아힌 바닷가의 음식점이다.

열차가 정차한 틈을 이용해서 승객들이 간식을 샀다.

노인이 많았다. 후아힌의 바닷가 모래는 입자가 무척이나 고왔다. 약한 바람에도 모래가 마구 날리며 비닐봉지 속에 넣어 둔 스마트폰에도 사정없이 날아들었다.

수영하고 싶어도 다친 어깨 때문에 할 수 없어서, 바닷물에 몸만 담갔다가 나와서 백사장에 눕기를 반복했다. 이내 단순 반복적인 행동에 싫증이 나서 자전거를 타고 태국에서 가장 오래된 기차역인 후아힌 역을 찾아갔다. 때맞춰 방콕에서 출발해서 말레이시아와의 국경도시인 핫야이로 가는 열차가 들어왔다. 기차가 정차하는 틈을 이용해서 간단한 음식을 파는 상인들이 분주하게 다녔다. 한 그릇에 20밧(약 680원)이었다. 동서양을 막론하고 기차역에는 만나고 떠나보내는 기쁨과 아쉬움이 교차했다.

분위기 좋은 음식점을 찾아가는 데는 자전거만큼 편리한 교통수단이 없는 것 같다. 힘들이지 않고 아무 곳이나 쉽고 편하게 갈 수 있다. 위치를 알아 두었던 야시장에 가서 저렴한 가격으로 태국 전통 식사를 즐길 수 있었다.

모래가 곱기로 유명한 후아힌 해수욕장이다.

태국 사람들의 불심이 지극하다.

후아힌 야시장이다.

• 후아힌 숙소

숙소명	아고다 평점	숙박료
Cape Nidhra Hotel	8.9	166,190원
Art De Sea Hua Hin	8.6	70,663원
D Varee Diva Kiang Haad Beach Resort	8.5	38,580원
Coconut Budget & Boutique Hua Hin	8.5	21,388원

＊후아힌에는 숙박업소가 많이 있으며, 가격대도 다양하다. 평점과 숙박료는 수시로 변경된다.

• 후아힌 → 방콕 기차편(www.thairailwayticket.com)

열차번호	후아힌 출발시각	방콕 도착시각	기차종류
174	0:45	5:10	Rapid
168	1:16	5:35	Rapid
86	1:47	6:30	Express
44	2:22	5:55	Special Express
84	4:15	8:35	Express

• 후아힌 → 수안나품 공항버스편

(http://www.belltravelservice.com, http://airporthuahinbus.com)

- 출발시각: 06:00, 07:30, 09:00, 10:30, 12:00, 13:30, 15:00, 16:30, 18:30
- 출발장소: 후아힌 공항 인근의 RRC Bus Station
- 도착장소: 방콕 수안나품 출국장 4층
- 요금: 268밧 (약 9,120원)
- 소요시간: 4시간

– 수화물 규정

추가 요금 없이 2개 허용

(핸드백 또는 노트북 가방 등 1개와 20kg 미만의 작은 가방 1개)

– 수화물 무게에 따른 추가 요금

물품 종류	무게	요금 (밧,Baht)
가방	20kg 미만 (머리 위 선반에 둘 수 없는 크기)	20
가방	21 ~ 30 kg	50
가방	31 ~ 50 kg	100
가방	51 ~ 80 kg	150
가방, 자전거 등	81 ~ 100 kg	200

• **방콕 → 인천 직항편**

대한항공, 아시아나항공, 타이항공, 진에어, 제주항공, 이스타항공 등

*본 콘텐츠는 2013년 3월 기준으로 작성되었습니다. 현지 사정에 의해 정보가 달라질 수 있습니다.

말레이시아 자전거 여행

■ **말레이시아?**

말레이반도 남부와 보르네오섬 북부에 걸쳐 있으며, 해안선의 길이가 4,675km에 달한다. 영연방의 하나로, 반도의 11개 주는 서말레이시아, 보르네오섬 북부의 2개 주는 동말레이시아로 불린다. 면적은 32만 9847km², 인구는 3,051만 3,848명(2015년 현재), 수도는 쿠알라룸푸르Kuala Lumpur 이다.

인구의 구성은 말레이인 58%, 중국인 25%, 인도·파키스탄인 7% 등으로 이루어져 있으며, 각 민족은 제각기 전통적 문화·종교·언어·사회관습 등을 유지하고 있다. 공용어는 말레이어이며 영어·중국어·타밀어도 쓴다. 국교는 이슬람교로 국민의 60%가 이슬람교를 믿지만, 종교의 자유가 보장되어 불교 신자 19%, 기독교 신자 9%, 힌두교 신자 6.3% 정도 된다.

기후는 말레이반도와 보르네오섬 모두 고온다습한 열대성 기후이며, 주요 자원은 생산량 세계 1위의 천연고무를 비롯하여 야자유·주석·원목·원유 등이 있고, 이러한 1차산품의 수출이 총 수출액의 약 70%를 점하고 있다. 그 결과 해외시장의 변동에 따라 지대한 영향을 받는 취약점이 있고, 주요 기간산업에 있어서 외국자본의 비중이 높다. 2015년 현재 국민총생산은 3,381억 달러이고, 1인당 국민소득은 1만 796달러이다.

참조: 한국민족문화대백과

Chapter 10.

쿠알라룸푸르(1) → 쿠일라세랑고르(1) → 트룩인탄(1) → 심핑(1)
→ 페낭(2) [6박 7일]

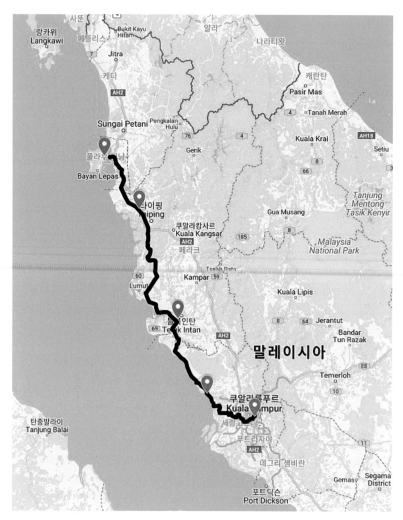

파란색 아이콘은 필자가 숙박한 도시 또는 마을이다.

• 인천 → 쿠알라룸푸르 직항 항공편 (소요시간: 6시간 30분)

인천 ←→ 쿠알라룸푸르 대한항공, 말레이시아항공, 에어아시아,
AirAsia X

┤ **쿠알라룸푸르**(Kuala Lumpur) **투어버스** ├

쿠알라룸푸르를 관광하는 데는 Hop-on Hop-off 투어 버스가 적격이다.
버스는 23개 정류장에 정차하는데 볼거리가 많아서 어디를 둘러볼지 행복
한 고민에 빠진다. 필자는 National Palace, 이슬람 사원, 메르데카 광장,
페트로나스 트윈타워, 파빌리온 빌딩, 차이나타운, 센트럴마켓에 내렸다.

Hop-on Hop-off 투어 버스이다.

메르데카 광장으로 메르데카는 독립을
뜻한다.

이슬람 사원에서는 외국인이라도 차도르를 입어야 한다.

말레이시아 택시는 소형이었다 –1일 차

■관광: 쿠알라룸푸르

밤늦게 쿠알라룸푸르 LCCT 공항에 도착했다. 공항버스를 타고 1시간을 달려서 KL 센트럴Sentral 역에 도착하니 다음 날 새벽 1시가 넘었다. 정류장에 택시 몇 대가 호객행위를 하는데 큼직한 자전거 박스를 가진 필자한테는 관심을 주지 않고 오로지 합승 승객만 찾았다. 대부분의 버스 승객이 떠나고, 그래도 빈 차로 남아 있던 택시 기사가 마지못해 필자한테 입질을 시작했다. 불과 2km밖에 떨어지지 않은 호텔을 가는데 웃돈을 요구해서 울며 겨자 먹기로 30링깃(약 8,100원)에 합의를 보았다. 그런데 문제가 생겼다. 택시 뒷좌석에 자전거 박스가 들어가지 않았다. 한국의 대부분 택시는 중형 세단으로 분류되는 2,000cc급이라서 뒷좌석에 길게 박스가 들어가는데, 이곳 택시는 1,500cc급이라서 좌우 폭이 좁았다. 게다가 뒤 트렁크에는 LP 가스통이 있어서 짐 넣을 공간이 없었다. 택시에 자전거 박스를 실을 수 없으니 난감했다. 그렇지만 무슨 방법이라도 찾아야 했다. 다시 트렁크를 열었다. 자전거 박스를 길게 집어넣으니 박스의 반 이상이 트렁크 밖으로 나왔다. 이렇게 달리면 자전거 박스가 도로에 떨어지는 것은 자명한 일. 택시기사가 안 된다고 펄쩍 뛰었다. 필자는 자전거 박스가 땅에 떨어지지 않게 끈으로 꼼꼼히 묶었다. 밖으로 튀어나온 부분이 워낙 길어서 간당간당, 위험천만한 것은 어쩔 수 없었다. 만약 택시가 빨리 달리면 박스가 뒤로 떨어질 것 같아서 천천히 가자고 여러 차례 신신당부했지만, 그렇게 가다가 교통순경한테 걸리면 벌금이 300링깃(약 81,000원)이라며 엑셀레이터를 마구 밟았다. 아무리 이야기해도 소귀에

KL 센트럴역 주변 모습이다.

경 읽기였다. 필자가 말레이시아에 온 것을 환영하듯 가랑비가 내렸다.

인천에서 쿠알라룸푸르까지 저비용항공사를 이용하면서 따로 저녁 식
사를 신청하지 않았더니 허기가 졌다. 여장을 풀고 새벽이지만 숙소 주변
의 인도 음식점에 들어가 닭고기를 주문했다. 너무 많이 타서 바삭거리는
닭고기를 뜯고 있는데 맛이 어떠냐고 종업원이 물었다. 사실대로 말하면
그가 미안해할까 봐 최고라고 엄지손가락을 치켜 주니까 굉장히 좋아했
다. 그는 기분이 좋았는지 필자 옆을 지나갈 때마다 맛이 어떠냐고 묻고
또 물었다. 숙소로 돌아왔지만 쉽게 잠들지 못했다. 그렇게 뒤척이다 보
니 어느새 아침이 되었다. 호텔 객실에서 자전거를 조립하고 밖으로 나가

KLCC파크 주변이다

보니 아직 가랑비가 내리고 있었다. 쿠알라룸푸르 도로에는 자전거가 보이지 않고 차들만 넘쳐났다. 어떻게 이런 길에서 자전거를 타야 할 지 걱정이 되었다. 이곳저곳을 쏘다니다가 점심때가 되어서 중국 음식점에 들어갔다. 자전거 헬멧을 들고 들어가니 사람들의 호기심 어린 시선이 온통 필자한테 쏟아졌다. 그런 눈길이 참으로 부담스러웠다. 훅 불면 날아갈 듯한 밥에 돼지고기와 채소 절임, 이름 모를 생선 토막이 코로 들어가는지 입으로 들어가는지 모를 정도였다. 테스트 라이딩 후 숙소로 돌아와서 앞으로 자주 사용할 물품만 따로 패니어에 담았다.

말레이시아를 함께 라이딩할 친구가 도착하려면 아직 5시간이나 남았다. 그 시간을 이용해서 말레이시아 시내 관광에 나섰다. KL 센트럴역 주변은 빌딩숲을 이루고 있었다. 멋지게 지은 건물들이 곳곳에 널렸고, 그런 건물군 한가운데에 KLCCKuala Lumpur City Center 파크가 있었다. 도심 속에 공원을 아기자기

1999년 개관한 88층(452m) 페트로나스 트윈 타워이다.

하게 잘 꾸며놓았다. 그곳에는 서양 관광객이 많았고 가족과 함께 온 아이들이 수영을 즐기고 있었다. 무심코 고개를 옆으로 돌리니 페트로나스 트윈 타워가 우뚝 서 있었다. 쌍둥이 빌딩을 실물로 보기는 처음이었다.

술탄 압둘 사마드 등 메르데카 광장 주변의 건물이다.

이렇게 외국인의 호기심을 자극하는 볼거리가 KLCC 주변에 많았다. 건물과 건물을 이어 주는 보도Walkway를 걸으며 빨간색으로 치장한 파빌리온 빌딩 안으로 들어갔다. 그 빌딩은 건물 내부를 온통 중국 스타일로 예쁘게 꾸며 놓았다. 쿠알라룸푸르 시내는 멋지고 독특하게 디자인한 건물이라든지, 숲과 어우러지는 도심 풍경이 삭막한 서울과는 많은 비교가 되었다.

어제까지 추위가 한창 기승을 부리던 영하의 나라에서 갑자기 영상 30°C인 나라로 오니 아직 몸이 적응하지 못한 것 같았다. 온몸에서 기운이 쪽 빠지고 현기증까지 일어났다. 살짝 약해지려는 마음을 추스르며 '나는 대단한 사람'이라는 자기 최면을 걸었다. 친구가 도착할 시간에 맞춰서 KL 센트럴 공항버스 정류장으로 내려갔다. 정류장은 버스 매연과 각종 소음으로 정신이 하나도 없었다. 길지 않은 기다림 끝에 친구의 모습이 보였다. 지나가는 사람들의 시선을 받으며 버스 정류장에서 자전거를 조립했다. 조립이 끝난 후에는 자전거 박스를 버리지 않고, 귀국할 때 사용하려고 숙소에 가져갔다.

• 쿠알라룸푸르(KL센트럴 지역) 숙소

숙소명	아고다 평점	숙박료
Le Meridien Kuala Lumpur Hotel	8.6	137,823원
Ascott Sentral Kuala Lumpur	8.6	84,761원
M&M Hotel KL Sentral	8.6	22,625원
Cozy Hotel	8.1	18,603원

*쿠알라룸푸르에는 숙박업소가 많으며 가격대가 다양하다. 평점과 숙박료는 수시로 변경된다.

시뮬레이션 라이딩을 했어야… –2일 차

- 이동: 쿠알라룸푸르Kuala Lumpur → 쿠알라세랑고르Kuala Selangor
- 거리: 83km
- 누적 거리: 83km

■ 이용 도로

> KL Sentral → Jalan Bangsar → Federal Hwy 오토바이도로 →
> 15번 도로 → Subang Skypark Terminal → Jalan Subang → 15번
> 도로 → B49 → B1 → B104 → 5번 도로 → Kuala Selangor

자전거에 패니어 2개를 거치하고 그 위에 배낭을 올려놓은 다음, 실제 주행을 하면서 어떤 문제가 있는지 시뮬레이션을 해야 했다. 말레이시아에서의 첫 라이딩은 혹독한 신고식이었다. 모든 무게가 뒤바퀴에 집중되니 앞바퀴가 살짝 들리는 현상이 발생했다. 그러다 보니 핸들 조향이 어려웠다. 자전거 가게라도 있으면 당장 프런트랙과 앞 패니어를 사겠지만, 시내에 자전거가 다니지 않는 걸 봐서는 패니어 구입하기는 힘들 것 같았다. 다행히 KL 시내에서 수방공항 방향의 고속도로 Persekutuan Hwy에 오토바이 전용도로가 있었고, 차량 운전자들은 공격적으로 운전하지 않아서 그나마 다행이었다.

수방공항 인근의 음식점에 있던 사람들이 자전거를 타고 나타난 우리를 보고 호기심이 발동했는지 정신이 없을 정도로 질문을 해댔다. 그들과 기념사진을 찍으려고 배낭에서 DSLR 카메라를 꺼내서 초점을 맞추는데

뷰파인더 속의 피사체가 정상적으로 보이지 않았다. 아차 싶어서 렌즈를 살펴보니 유리 필터가 깨져 있었다. 다행히 필터만 깨지고 렌즈에는 이상이 없었다. 친구에게 짐 일부를 넘기고 나니 정상적인 핸들 조향이 가능해졌다. 현직 교장인 친구가 말레이시아 학교를 방문하고 싶어 해서 길옆의 초등학교에 불쑥 들어갔다. 우리가 학교로 들어서니 이곳저곳에서 환호성이 들려왔다. 학생들이 우리를 에워싸고 질문 공세를 펼쳤다. 대한민국 중학교의 교장 선생님이 말레이시아 초등학교의 교장 선생님을 만나고 싶다는 뜻을 전하니, 교사들이 두 교장 선생님의 만남을 주선했다. 하지만 아쉽게도 말레이시아 교장 선생님은 영어를 못해서 이 학교의 어드바이저와 일반 교사들이 교대로 우리의 말 상대가 되어 주었다.

쿠알라룸푸르의 KL Sentral 역 주변에서 84km 떨어진 쿠알라세랑고르Kuala Selangor에 도착했다. 예약하지 않고 현지에서 잡은 숙소는 깨끗했고, 호텔 내에 자전거를 보관할 수 있었다. 그런데 자전거에서 짐을 내리는데 리어랙이 위아래로 흔들렸다. 자세히 보니 고정나사가 풀려서 보이지 않았다. 아차 싶어서 다른 나사도 점검해 보니 나사 몇 개가 반쯤 풀려 있었다. 매일 라이딩을 시작하기 전에 사전 점검을 해야 하는데 귀찮고 게을러서 하지 않았더니 이런 불상사가 발생했다. 다행히 예비 나사가 있어서 육각 렌치로 조이는 데, 한계 토크 값 이상의 힘을 주었는지 나사 목이 똑 부러졌다. 아뿔싸! 공구가 없으니 리어랙 나사 구멍에 박혀 있는 목 부러진 나사를 빼낼 수가 없었다. 자전거를 끌고 수리할 만한 업소를 찾아서 거리로 나섰다. 다행히 몇 블록 떨어진 곳에 자동차 정비업소가 있어서 도움을 받을 수 있었다. 자전거 사전 점검의 중요성을 새삼 느낀 하루였다.

• **쿠알라세랑고르 숙소**

숙소명	아고다 평점	숙박료
Firefly Villa	9.0	79,930원
Villa Malawati Apartment	8.6	66,193원
Homestay Botanic Kuala Selangor	8.7	35,834원
Sea Lion Firefly Concept Hotel	7.0	16,115원

*쿠알라세랑고르에는 숙박업소가 많으며 가격대가 다양하다. 평점과 숙박료는 수시로 변경된다.

내 옆자리에 앉은 음식점 여주인의 딸 –3일 차

- 이동: 쿠알라세랑고르Kuala Selangor → 트룩인탄Teluk Intan
- 거리: 106km
- 누적 거리: 189km

■ 이용 도로

Kuala Selangor → 5번 도로 → 58번 도로 → Teluk Intan

서둘렀지만 생각만큼 아침 일찍 길을 나서지 못했다. 5번 도로 옆의 열대림 사이로 해안도로가 군데군데 있었다. 그런 한적한 길을 따라서 달리니 기분이 상쾌하기 이를 데 없었다. 정오가 가까워지니 태양이 이글거린다는 표현이 맞을 정도로 더웠다. 한낮의 불볕더위를 피하려고 Sungai Besar의 한 음식점에 들어갔다. 낮잠을 즐기려는데 우리 테이블에 갑자

한적한 이면도로를 달리니 옹기종기 모여서 놀고 있는 동네 청소년들을 만날 수 있었다.

기 식당 여주인과 그녀의 딸이 앉았다. 그들은 우리와 대화하기를 원했다. 필자 옆에는 23살 딸이 앉아서 우리의 여행에 관해 물으면 필자가 대답하는 형식이었다. 잠깐 쉬려고 했는데 인터뷰 자리가 되고 말았다. 한낮 더위가 조금 기세를 누그러뜨리는 오후 2시에 라이딩을 재개했다. 거의 한 시간 동안 주변에 아무것도 없는 일직선 도로를 통과했다. 마의 일직선 구간 때문에 슬슬 짜증이 날 무렵, 다행히 호텔이 보였다. 오후 4시기 하루의 라이딩을 마무리하기에 너무 이른 시각이라는 친구의 말에 하는 수 없이 트룩인탄(Teluk Intan)까지 10여 km를 더 달려야 했다.

• 트룩인탄 숙소

숙소명	아고다 평점	숙박료
Sleepee Home	8.8	103,083원
Little Kampung Studio	10.0	57,886원
Yew Boutique Hotel	7.4	30,569원
Merge Summit Hotel	7.4	24,257원

＊트룩인탄에는 숙박업소가 많으며 가격대가 다양하다. 평점과 숙박료는 수시로 변경된다.

그 시간이면 열대성 스콜이 찾아왔다 -4일 차

- 이동: 트룩인탄Teluk Intan → 심팡Simpang
- 거리: 137km
- 누적 거리: 326km

■ 이용 도로

> Teluk Intan → 5번 도로 → Sitiawan → 5번 도로 → 71번 도로 →
> 73번 도로 → 60번 도로 → 1번 도로 → Simpang

아직 어둠이 채 가시지 않아서 전조등으로 앞을 비춰 가며 라이딩을 시작했다. 말레이시아는 도로 가장자리에 오토바이 전용도로가 있어서 자전거 타는 게 크게 부담스럽지 않았다. 아침에는 도로에 차가 별로 없고 기온이 오르기 전이라서 라이딩을 즐길 수 있지만, 점심때가 되면 더워서 자전거 타기 힘들어진다. 더구나 요즘은 한국이 겨울철이라 자전거 타기를 멀리했더니 엉덩이 통증까지 필자를 괴롭혔다. 패드가 부착된 자전거 바지를 입으면 통풍이 안 돼서 일반 반바지를 입었더니 엉덩이 부위가 해지고 짓물러서 고통스러웠다. 철물점에서 스티로폼을 구해 안장 위에 얹었더니 통증을 조금 줄일 수 있었다.

주행거리 90km에서 라이딩을 마치고 싶었지만, 주변에 숙박시설이 없어서 50여 km를 더 가야 했다. 그 사이에 두 차례 열대성 스콜을 만나서 흠뻑 젖었다. 강한 빗줄기를 뚫고 심팡Simpang에 도착하니 저녁 7시였다.

점심 식사를 위해서 들린 Beruas라는 마을에 작은 축제가 열리고 있었다.

• 심팡 숙소

숙소명	아고다 평점	숙박료
Novotel Taiping Perak	8.8	101,989원
Teratak Opah Kamunting	9.0	41,347원
Louis Hotel	8.2	25,742원
Sojourn Beds and Cafe	9.2	19,502원

*심팡에는 숙박업소가 많으며 가격대가 다양하다. 평점과 숙박료는 수시로 변경된다.

빗속에 타이어가 펑크 나고 -5일 차

- 이동: 심팡Simpang → 페낭Penang
- 거리: 89km
- 누적 거리: 415km

■ 이용 도로

Simpang → 1번 도로 → Butterworth → (카페리) → Penang

아침부터 비가 내렸다. 우비를 꺼내서 입고 커다란 비닐로 뒤패니어를 덮었다. 오늘은 웜샤워 멤버인 '다비드'를 만나기로 한 날이다. 그는 심팡 Simpang에서 50km 정도 떨어진 니봉 테발Nibong Tebal에 살고 있었다. 그에게 몇 시쯤 도착 가능한지 알려줘야 하는데 우리에게는 전화통화 가능한 핸드폰이 없었다. 아침 식사했던 음식점의 여직원에게 핸드폰을 빌려서 그와 통화했다. 다비드의 영어 발음을 잘 알아들을 수 없었지만, 그의 집 주소를 알고 있어서 개의치 않고 출발했다. 억수같이 쏟아지는 빗줄기를 뚫고 얼마쯤 갔을 때 친구의 타이어가 또다시 펑크 났다. 벌써 두 번째 말썽을 부리고 있는데 타이어가 워낙 낡아서 쉽게 펑크가 났다. 길가에서 우리의 튜브 교체작업을 지켜보던 현지인이 MTB용 튜브와 주걱, 에어펌프를 가지고 와서 우리에게 건네주었다. 작업을 끝내고 고마워서 사례하려고 하니, 그는 어디로 갔는지 사라지고 없었다. 비를 맞고 계속 우리를 지켜보고 있었는데, 그에게 고맙다는 인사도 하지 못했다. 니봉Nibong에 도착해서 주변 사람들에게 다비드의 집 주소를 보여 주니 다들 모르겠다

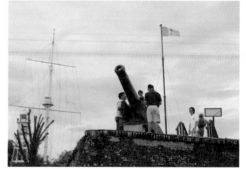

1990년대 후반에 한국인에게 신혼여행지로 많이 알려진 울릉도 크기의 페낭섬이다.

콘월리스 요새로, 1786년에 영국의 대령이 처음 페낭섬에 상륙해서 지었다.

는 표정이었다. 다시 한번 음식점에 들어가 종업원에게 다비드에게 전화해 달라고 부탁했다. 그녀는 다비드하고 통화하고 난 뒤에 그와의 통화내용을 우리에게 알려 주었다. 다비드는 니봉 Nibong 에서 멀리 떨어진 곳에 있어서 오후 5시에 만나자고 했단다. 지금이 정오이니 앞으로 5시간을 기다려야 한다. 우리는 잠시 고민에 빠졌다. 친구와 상의한 끝에 다비드에게 양해 전화를 하고 그냥 떠나기로 했다.

니봉Nibong에서 페낭섬 입구의 버터워스Butterworth까지는 대략 30km였다. 라이딩을 다시 시작한 지 2시간 조금 지나서 페낭섬으로 들어가는 페리 선착장에 도착했다. 버터워스와 페낭 간의 뱃삯이 참으로 쌌다. 도선료가 1.40링깃(약 400원)밖에 안 되었다. 그것도 섬으로 들어갈 때만 받고 나올 때는 받지 않았다. 페낭섬의 중심가인 조지 타운George Town에 도착해서 유명한 게스트하우스 거리인 러브레인Love lane을 찾아갔다. 그곳은 술 취해 비틀거리는 사람들의 천국인 듯했다. 비교적 깔끔한 게스트하우스가 있어서 숙박요금을 알아보니 125링깃(약 34,000원)이었다. 숙박비는 저렴한데 주변 환경이 좋지 않아서 러브레인에서의 숙박을 포기했다. 다행히 위치가 괜찮은 다른 지역에서 가성비 좋은 숙소를 찾아냈다. 침대 2개짜리 트윈베드룸의 숙박요금이 60링깃(약 16,000원)이었다. 자전거는 호텔 밖에 보관하다가 자정에 실내로 들여놓았다.

• 페낭 숙소

숙소명	아고다 평점	숙박료
Hard Rock Hotel Penang	8.3	111,637원
Hotel Sentral Seaview Penang	7.4	43,367원
Armenian House	8.6	34,732원
The Frame Guesthouse	8.7	14,303원

*페낭에는 숙박업소가 많으며 가격대가 다양하다. 평점과 숙박료는 수시로 변경된다.

유유자적 페낭섬 한 바퀴 -6일 차

- 관광: 페낭섬
- 거리: 55km
- 누적 거리: 470km

204번 버스가 페낭힐 스테이션을 운행했다. 버스요금은 2링깃(약 550원)으로 숙소에서 30분 정도 걸렸다. 페낭힐은 해발고도 830m로, 기차요금은 편도 17링깃(왕복 30링깃)이었다. 전장(全長) 1,996m의 궤도를 설치하고 궤도 중간에 케이블을 깔아서 위에서 기차를 당기는 방식이었다. 구간 최대경사가 50도를 넘는 급경사인데도 빠른 속도로 올라가니 현기증이 날 정도였다. 페낭힐 정상에 오르니 날씨가 좋았다. 햇볕이 강하게 내리쬐지도 않고 그렇다고 흐리지도 않아서 페낭섬과 버터워드를 내려다보기에 좋은 날씨였다. 페낭힐 정상에는 힌두교 사원이 있었고, 그래서인지 인도사람들이 눈에 많이 띄었다.

자전거로 페낭섬을 한 바퀴 돌아보려고 길을 나섰다. 조지타운은 서양의 은퇴한 시니어가 많이 살았다. 나이든 부부가 손잡고 다니는 것이 보기 좋았다. 조지타운의 페리 선착장에서 서쪽으로 대략 20여 km를 갔다가 다시 돌아왔다. 말레이시아는 거리에 인도가 없지만, 오토바이가 다닐 수 있게끔 갓길을 잘 만들어 놓아서 자전거 타기에 불편하지 않았다. 게다가 이곳 사람들은 양보심이 많고 기다릴 줄 알았다. 자동차 운전자들은 대부분 자전거 탄 사람을 먼저 배려하는 선진의식을 가지고 있었다.

페낭힐에 오르기 위해서는 산악 궤도열차를 타야 한다.

페낭힐에서 섬 전체를 굽어볼 수 있다. 멀리 페낭대교가 보인다.

페낭힐 정상에 있는 힌두교 사원과 페낭힐로 가는 204번 시내버스이다.

페낭에서 쿠알라룸푸르 가기

페낭에는 국제공항이 있어서 인천까지는 쿠알라룸푸르를 경유하는 항공편을 이용하면 된다. 또한, 페낭에서 쿠알라룸푸르로 가는 버스도 많은데 운송 회사는 뉴 아시안 트레블New Asian Travel과 빌리언 스타 익스프레스Billion Stars SE Express 등이 있다. 인터넷 홈페이지(www.easybook.com)에서 예매할 수 있다.

*본 콘텐츠는 2013년 2월 기준으로 작성되었습니다. 현지 사정에 의해 정보가 달라질 수 있습니다.

미얀마 자전거 여행

■ 미얀마는 어떤 나라일까?

미얀마는 인도와 인도차이나 반도의 중간에 있으며 태국과 라오스, 중국, 인도, 방글라데시와 국경을 접하고 있다. 면적은 남한의 6배로, 인구는 6,100만 명(2013년 기준)이며 전체 인구의 90%가 불교도이다.

미얀마는 신비의 나라이다. 군사 독재국가라는 편견이 있어서 여행자들이 선뜻 찾아가기 낯설고 어려운 나라이지만, 다른 동남아 국가들 이상으로 친절하고, 착한 민족성 덕분에 화내는 모습을 찾아보기 힘들다. 치안도 걱정할 필요가 없는 매우 안전한 나라이다.

바간과 양곤은 미얀마의 과거와 미래를 대표하는 도시이다. 바간은 캄보디아의 앙코르와트, 인도네시아의 보로부두르 사원과 함께 세계 3대 불교 유적지이다. 천년에 걸친 세월 동안 많은 사원이 사라졌지만, 여전히 2,400개가 넘는 사원이 남아 있어서, 불국토를 꿈꾸던 고대 바간의 영화롭던 모습을 보여주고 있다. 양곤은 미얀마의 경제 수도로서, 개혁 · 개방 조치에 따라 몰려드는 외국자본 덕분에 현지인들도 몰라볼 만큼 빠르게 변화하고 있다.

미얀마는 1885년 영국의 식민지가 되어 아시아 식민지의 거점이 되었다. 1948년 영국으로부터 독립하면서 국호를 '버마 연방'으로 정했다가, 군사 정부가 등장하면서 1989년 '미얀마 연방'으로 변경하였고, 2010년에는 국호를 지금의 '미얀마 연방공화국'으로 다시 바꾸었다.

⊣ 미얀마 날씨 ├

미얀마는 열대성 몬순기후로 11월 초~2월 중순까지가 우리나라의 초가을 날씨와 비슷해서 여행하기 적당하다.

Chapter 11.

양곤(2) → 낭쉐(1) → 인레(1) → 껄로(1) → 메이크틸라(1)
→ 포파산(1) → 바간(3) → 만달레이(2) [12박 13일]

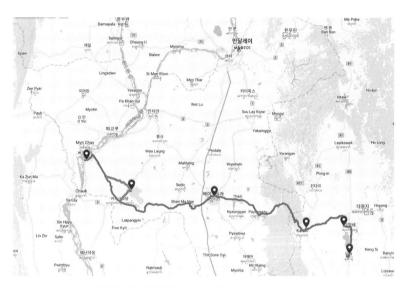

빨간색 아이콘은 필자가 숙박한 도시 또는 마을이다.

■ 코스 특징

낭쉐와 인레 호수는 해발고도 800여 m로 껄로(고도 1,300여m)까지는 크
고 작은 고개가 두어 개 있지만, 바간까지 가는 나머지 구간은 꾸준한 내
리막이다. 미얀마 자전거 여행에는 버스와 보트로 이동하는 구간도 있다.
양곤에서 낭쉐까지는 버스로 11시간 이동하며, 바간에서 만달레이까지
는 스피드 보트 또는 버스로 여행한다.

처음 미얀마 자전거 여행 계획을 세울 때는 다른 나라를 여행할 때처럼 양곤에서 만달레이까지의 전 구간을 자전거로 가려고 했다. 그런데 이럴 경우는 족히 3주 넘게 걸리고, 바고Bago 이외에는 별다른 볼거리가 없기 때문에 양곤에서 낭쉐까지의 라이딩을 포기하기로 했다. 그리고 미얀마에는 외국인이 묵을 수 있는 호텔과 게스트하우스 등이 별도로 지정되어 있다. 아직 미얀마가 폐쇄국가라서 외국인이 숙박할 수 있는 장소가 제한되어 있는 것이다. 만약 양곤에서 낭쉐까지의 구간을 자전거로 여행한다면 나흘 이상 걸리고 외국인이 이용 가능한 숙박시설이 없는 지역에 머물러야 한다. 민박은 법적으로 불가능하고 불교 사원에 들어가서 숙박을 해야 하는데, 필자는 그런 치기(稚氣) 어린 선택을 할 수 있는 적령기가 오래전에 지났다. 바간과 만달레이 구간 역시 마찬가지였다. 이 구간은 이틀이 소요되지만, 코스 중간에 있는 '민지안'에 외국인이 체류할 만한 숙박시설이 없었다. 이러한 이유로 자전거로 미얀마를 누비겠다는 야심적인 계획을 접어야 했다.

• 인천 → 양곤 항공편 (소요시간: 6시간 30분부터)

  • 직항: 대한항공
  • 경유: 비엣젯(하노이), 중국국제항공(청두), 베트남항공(하노이), 케세이퍼시픽(홍콩), 에어아시아(쿠알라룸푸르)

미얀마 국민의 70%는 버마족이고 25%는 카렌Karen, 카친Kachin, 친, 샨, 꺼야, 몬, 리카인 등의 소수민족이다. 중국계와 인도계는 전체의 5% 정도이다.

- 만달레이 → 인천 항공편 (소요시간 10시간부터)

  - 직항: 없음

  - 경유: 에어아시아(돈므앙)+티웨이, 중국동방항공(쿤밍),

    에어아시아(돈므앙)+이스타항공, 중국동방항공(쿤밍)+대한항공

양곤의 볼거리를 찾아서 –1 & 2일 차

■ 관광: 양곤

양곤(Yangon)

'전쟁의 종결'이라는 뜻의 양곤은 원래 작은 어촌에 불과했지만, 영국이 버마 식민 통치의 거점으로 삼으면서 바둑판 모양의 시가지를 만들고 대대적인 건설을 추진하였다. 그때부터 랑군 Rangoon으로 알려졌다가 1989년 양곤으로 개칭하였다. 미얀마의 수도로서 정치, 경제의 중심지였으나, 군사정부에서 2005년 11월에 수도를 네피도로 옮겨

서 이제는 미얀마 최대의 상업 도시가 되었다. 양곤은 묘한 대비 속에서 빛

을 발한다. 황금빛 쉐다곤 파고다와 신세대들이 몰려드는 인야 호수의 모습은 닮은 듯 이질적이다. 도시의 70% 이상이 숲으로 뒤덮여 있지만, 심각한 공해 때문에 도심 노로에서 모터사이클을 운행하는 것은 금지되어 있다.

양곤의 볼거리

1) 쉐다곤 파고다

미얀마에서 가장 크고 화려한, 미얀마를 대표하는 99.4m의 쉐다곤 파고다이다. 탑 꼭대기에 76캐럿짜리 다이아몬드를 포함해서 총 4,351개의 다이아몬드와 2,317개의 루비와 사파이어 등이 박혀 있어 온통 황금빛으로 반짝인다. 또한, 쉐다곤 파고다에는 각 요일을 관장하는 불상들이 있어서 자신이 태어난 요일을 확인하고 방문할 것을 추천한다.

2) 순환 열차(Yangon Circular Train)

순환 열차는 양곤 중앙역 6번/7번 플랫폼에서 탈 수 있다. 요금은 200짯(약 160원)으로, 3시간 동안 38개 역에 정차하는데 양곤 외곽에 사는 현지인들의 삶을 엿볼 수 있다. 다닝공역(驛) 인근의 채소 시장은 양곤에 공급하는 모든 채소를 취급한다.

3) 깐도지 호수(Kandwagyi Lake)

양곤 시내 한가운데 위치한
이 호수는 울창한 나무들과
잔잔한 호수가 특징이다. 특
히 호수에 비친 쉐다곤 파고
다의 야경이 아름다워서 많
은 사람이 이곳을 찾는다.

4) 차욱탓지 파고다(Chauk Htat Gyi Pagoda)

67m 대형 와불상인 차욱탓지의 '차욱'은 미얀마 숫자 6을 가리키며, '탓지'
는 칠한다는 뜻이다. 그러니 여섯 번 칠한 부처님을 의미한다. 와불상 발바
닥에는 욕계, 무색계, 색계를 뜻하는 108개의 문양이 새겨져 있다.

5) 술레 파고다(Sule Pagoda)

부처님 머리카락이 안치되어 있다고 전해지는 술레 파고다는 주변에 관공서와 은행 등이 밀집해 있어서 양곤 사람들의 생활 중심지이다. 영국 식민지 시절에는 술레 파고다를 중심으로 도로를 정비해서, 지금도 명함 등의 주소에 7마일mile, 8마일mile 을 쓰는데, 그것은 술레 파고다를 기점으로 대략의 거리를 뜻한다.

• 양곤 숙소

숙소명	아고다 평점	숙박료
Lotte Hotel Yangon	9.1	136,872원
Jasmine Palace Hotel	8.5	79,649원
Pickled Tea Hostel	8.9	42,466원
Scott@31st Street	9.0	18,169원

＊양곤에는 숙박업소가 많이 있으며, 가격대도 다양하다. 평점과 숙박료는 수시로 변경된다.

11시간 버스를 타고 찾아간 인레 -3일 차

- 이동: 양곤 → (장거리 버스) → 냥쉐 → (보트) → 인레 호수 → 냥쉐
- 거리: 10km
- 누적 거리: 10km

양곤에서 출발한 버스가 목적지인 냥쉐 못 미친 곳에 정차하더니, 젊은 사람 몇 명이 버스에 올랐다. 그들은 외국인 승객에게 가서 뭐라고 이야기하는데 어떤 승객과는 대화가 길게 이어졌다. 대화를 마친 외국인들은 하나같이 주머니에서 돈을 꺼내서 그들에게 주는데, 무슨 일인지 궁금했다. 알고보니 그들은 인레Inle 입장료를 받고 있었다. 미얀마에서는 바고, 인레, 바간 등의 역사 도시와 유명 관광지는

아웅 밍갈라 버스 터미널Aung Mingalar Highway Bus Stop에서 바간, 만달레이, 냥쉐 등지로 가는 버스가 출발했다. 필자도 여기에서 냥쉐로 가는 고속버스 제이제이 익스프레스JJ Express를 탔다.

지역 입장료를 받았다. 인레 입장료는 1인당 13,500짯(약 10,800원)이었다. 미얀마의 물가를 고려하면 적지 않은 돈이었다. 문득 어릴 적 아이들이 고무줄놀이하면서 길을 막고 통행세를 내라고 했던 장난이 생각났다.

어제저녁 6시 양곤에서 출발한 버스가 장장 11시간 만인 다음 날 새벽 5시 30분에 냥쉐에 도착했다. 버스가 도로를 달릴 때 도로의 요철로 인해

서 바닥에서 올라오는 진동이 불규칙하고 작지 않은 거로 봐서는 미얀마의 도로 포장상태가 자전거 타기에 썩 좋지 않은 것으로 판단되었다. 우리를 포함한 일단의 외국인 여행객들이 내린 후에 버스는 종착지인 따웅지로 떠났다. 우리는 가로등의 어슴푸레한 불빛에 의지해서 짐 정리를 마친 후 출발할 수 있었다. 1월 초순의 미얀마의 아침 6시는 어두웠다. 전조등으로 어둠을 밝히며 찾아간 게스트하우스에서 매니저 배려로 새벽이었지만, 체크인을 할 수 있었다.

낭쉐는 길이 2km, 폭 1km도 안 되는 해발고도 800m의 작은 마을이었다. 이 마을은 인레 호수로 들어가는 관문의 기능이 주 역할이었다. 많은 보트가 보트 선착장에 줄지어 정박해 있는 모습이 흥미로우면서 낯선 풍경이었다. 보트맨들의 호객 소리가 사방에서 날라왔다. 우리를 데리러 온 보트맨을 따라 선착장으로 갔다. 뾰족한 모양의 보트에 4명이 나란히 앉을 수 있었다. 인레 호수는 광활해서 마치 바다에 나온 느낌이었다. 호수

선착장에 정박한 투어 보트와 13세기에 인레 호수로 이주해 온 인타족이 전통방법으로 고기잡이하는 모습이다.

가운데에서 인타족 어부들이 그물을 이용한 전통 방식으로 물고기를 잡고 있었다. 몇몇 어부는 관광객을 위해서 자세까지 취해 주었다. 인레 호수는 호수이면서 마치 바다 같은 풍경이었지만, 이내 싫증이 날 정도로 단조로웠다. 햇볕이 내리쬐는 한여름의 인레 호수 보트여행은 고역이 아닐까 싶다. 오늘은 하늘에 구름이 가득해서 보트의 속력에 비례해서 추위가 느껴졌다.

인레 호수 투어는 한나절 투어와 반나절 투어로 나뉘는데, 요금은 18,000짯(약 14,000원)으로 같았다. 원데이 투어는 7~8시간을 유람한다지만, 볼거리가 고만고만해서 많이 지루할 듯했다. 또한, 패키지는 노말 코스와 스페셜 코스로 나뉘는데, 노말 코스는 18,000짯, 스페셜 코스는 22,000짯(약 18,000원)이었다. 이 둘의 차이점은 인데인 유적을 가느냐 마느냐 뿐이었다. 우리는 하프데이 & 노말 코스를 택했다.

• 냥쉐 숙소

숙소명	아고다 평점	숙박료
Best Western Thousand Island Hotel	9.2	43,980원
Royal Nadi Resort	8.7	39,882원
Immana Grand Inle Hotel	9.1	31,932원
Palace Nyaung Shwe Guest House	8.4	14,155원

*냥쉐에는 숙박업소가 많이 있으며, 가격대도 다양하다. 평점과 숙박료는 수시로 변경된다.

인레 호수에 떠 있는 플로팅 리조트 -4일 차

- 이동: 인레 호수
- 거리: 20km
- 누적 거리: 30km

┤ 인레 호수 ├

길이 22km, 폭 11km의 인
레 호수는 해발고도 875m
의 고원지대에 자리 잡고 있
다. 미얀마 전역에 흩어져
사는 '호수의 아들'이라는
뜻을 가진 인타Intha족의
75%(8만여 명)가 호수 주
변의 17개 수상마을에서 살
아가고 있다. 이들은 티크나
대나무를 호수 바닥에 꽂아
기둥을 세운 뒤, 그 위에 수
상가옥을 올렸다. 이들은 주
로 어업으로 생계를 유지하
지만, 여러 개의 대나무를
평평하게 엮어 밭고랑처럼
만든 뒤 물 위에 띄우고 그
위에 흙을 뿌려 토마토 등
수경재배에 알맞은 채소를

재배한다. 이 밖에도 물레와 베틀을 이용해서 수작업으로 만든 무명, 비단 직조물은 미얀마 각지에서 거래될 만큼 유명하다.

참조: 두산백과

낭쉐 외곽에 있는 와이너리Red Mountain Winery를 찾아갔다. 와이너리 정문을 들어서자마자 가파른 언덕길이 나타났고, 간만의 업힐에 놀랐는지 심장이 마구 펌프질해댔다. 그곳의 시음용 와인은 네 잔에 5,000짯(약 4,000원)이었고 우리는 한 잔씩 시음했다. 저녁에 인레 호수 위의 리조트에서

산 중턱의 와이너리Red Mountain Winery에서 와인 한잔하며 바라보는 인레 호수의 모습은 여유롭고 평화롭기 그지없다. 한가롭게 호수 위에 떠 있는 리조트가 나그네의 발길을 붙잡는다.

쉐 인타 플로팅 리조트She Inn Tha Floating Resort
이다. 아고다를 통해서 예약했는데 시설에 비교
해서 비싸지 않았다.

마실 와인도 한 병 샀다. 파란 하늘 아
래 와이너리에서 내려다보이는 인레
호수 주변의 풍경이 인상적이었다. 인
레 호수를 따라서 남쪽으로 자전거 핸
들을 돌렸다. 경로를 벗어난 조금은
귀찮은 라이딩이었지만, 이런 귀찮음
을 극복하고 떠난 라이딩은 힐링, 그
이상의 기쁨을 안겨 주었다. 눈이 부
시게 파란 하늘과 보석 같은 색깔을
가감 없이 비추는 호수에서 시원함과
상쾌함을 동시에 느꼈다.

쉐 인타 플로팅 리조트She Inn Tha
Floating Resort에서 보내 준 셔틀 보트가
우리를 기다리고 있었다. 자전거는 냥
쉐의 트랜짓 오피스에 두고 짐만 들고
보트에 올랐다. 구름이 잔뜩 끼었던
어제와 달리, 오늘은 높고 파란 하늘
이 온 천지에 가득했다. 보트는 하얀
물거품을 꽁무니에 매달고 호수의 북
쪽에서 남쪽으로 일직선을 그으며 내
려가 대나무 울타리로 둘러싸인 리조
트에 우리를 내려놓았다. 냥쉐 선착장
에서 리조트까지 셔틀 보트로 55분

걸렸다. 쉐 인타 플로팅 리조트는 호수 바닥에 기둥을 박고 그 위에 지은 수상 리조트였다. 우리에게 배정된 주니어 스위트 뉴Junior Suite New는 동쪽 끝 방으로 4명이 묵을 수 있는 구조였다. 짐 정리를 마치자마자 수영복을 챙겨서 수영장부터 찾아갔다. 기대했던 것보다 수영장이 작았고 물도 차가웠다. 선베드에 서양인 몇 명만 누워 휴식을 취하고 있었고, 물속에 들어가 있는 사람은 없었다. 혼자서 20여 분간 수영하다가 제 풀에 지쳐서 숙소로 돌아왔다.

미얀마에 입국하고 처음으로 파란 하늘을 볼 수 있어서 내심 멋진 저녁 노을을 기대했건만 오늘의 태양은 하늘을 붉게 물들이지 않고 흔적없이 산 너머로 숨어 버렸다. 이런 아쉬움을 달래 주려는 듯 밤하늘을 가득 메운 별들이 인레 호수의 하늘을 환하게 밝히고 있었다. 내일부터 시작될 미얀마에서의 본격적인 라이딩이 필자에게 어떤 경험을 선물할지 자못 기대되었다.

• 인레 호수 숙소

숙소명	아고다 평점	숙박료
Myanmar Treasure Resort	8.9	148,883원
Novotel Inle Lake Myat Min Hotel	8.9	111,934원
Golden Island Cottages Thale-U Hotel	8.5	102,609원
Shwe Inn Tha Floating Resort	8.3	74,123원

*인레 호수 주변에는 숙박업소가 많이 있으며, 가격대도 다양하다. 평점과 숙박료는 수시로 변경된다.

남자들의 은근한 힘 자랑 –5일 차

- 이동: 낭쉐 → 껄로
- 거리: 60km
- 누적 거리: 90km

■ 이용 도로

> 낭쉐 → 4번 도로 → 껄로

┤ 껄로(Kalaw) ├

해발고도 1,315m의 껄로
는 선선한 기후 덕분에 영
국식민지 시절부터 여름 휴
양지로 유명했는데 지금도
마을 곳곳에서 당시의 흔적
을 느낄 수 있다. 요즘은 껄
로부터 인레 호수까지의 특
색있는 지형과 다누, 빠오,
빨라웅, 인타, 샨 족 등 소수
민족의 삶을 엿보고 체험할
수 있는 트레킹이 껄로를
더욱 특별하게 해 준다. 많
은 여행자가 1박 또는 2박

을 하면서 인레 호수까지 힐링하며 마음의 위안을 찾으러 걸어간다.

리조트의 푸짐한 아침 뷔페 식사 덕분에 라이딩에 필요한 에너지를 가득 채울 수 있었다. 어제의 맑고 화창한 날씨 대신에 오늘은 인레 호수에 물안개가 낮게 깔렸다. 뱃사공이 셔틀보트의 속도를 올렸는지 어제보다 15분이나 단축한 40분 만에 냥쉐로 돌아왔다. 그런데 호수 위의 수상 리조트에 들어가려면 어쩔 수 없이 보트를 타야 하는데, 셔틀 보트 요금을 리조트 숙박료에 포함하지 않고 현장에서 따로 받는 게 아쉬웠다. 쉐 인타 리조트의 왕복 보트 요금은 30달러였다.

냥쉐에서 혜호Heho 공항 인근 4번 도로와 만나기까지 도로의 포장상태에 기겁했다. 이 5~6km 구간은 도저히 자전거를 탈 수 없을 만큼 엉망이었다. 아스팔트가 패고 갈라지고 뭉쳐서 직선 주행이 불가능했다. 미얀마가 경제적으로 낙후되었으니 혹시 미얀마 전역이 이런 도로 상태라면 어쩌나 싶었다. 만약 그렇다면 미얀마에서의 자전거 여행을 포기해야 해서 자못 심각했다. 다행히 혜호 공항 근처의 4번 도로는 그런대로 주행할만한 상태였다. 얼마 가지 않아서 평탄했던 도로가 긴 오르막으로 바뀌었다. 요즘 한국의 계절이 겨울철이라서 운동을 게을리했더니 그 동안 운동하지 않은 티가 드러났다. 동반자들과 무리를 지어 언덕을 오르는데, 남자들 세계에서 흔히 있는 '힘' 자랑이 은연중에 나타났다. 일행 중 한 명이 필자의 꽁무니에 바짝 따라붙으니 지기 싫어서 숨을 헉헉대며 페달을 더 세게 밟았다. 즐거워야 할 라이딩이 어느새 체력운동으로 바뀌었다. 이 구간의 첫 번째 고개 정상은 냥쉐 기점 20km에 있는 해발고도 1,283m의 언덕이었다. 그 사이에 냥쉐에서 고도 400여 m를 올라왔다. 그 후에도 자잘한 고개는 계속 이어졌다.

지나가던 트럭이 속도를 줄이며 우리 일행의 옆으로 다가왔다. 무슨 해

낭쉐에서 껄로 가는 4번 도로변의 풍경이다.

코지라도 할까 싶어서 빨리 지나가라고 손짓까지 했는데도 의문의 트럭은 속도를 올리지 않고 대열의 후미에 바짝 달라붙었다. 그렇다고 라이딩을 중단하고 무슨 일인지 알아볼 수도 없고 계속 페달을 밟는데 상황 파악은 안 되고, 혹시 무슨 일이라도 생길까 싶어서 잔뜩 긴장했다. 트럭의 엔진 소리는 점점 커지고 드디어 대열의 선두에 있는 필자에게까지 가까이 들렸다. 어떤 흉악범이라도 타고 있는지 고개를 돌려서 운전석을 바라보았다. 그곳에는 웃음을 띤 선한 모습의 청년이 앉아 있었다. 그는 필자에게 물병을 건네주려고 손을 뻗었다. 미얀마에 입국한 지 오늘로 닷새째인데, 가만히 생각해 보니 지금까지 그들이 화내는 모습을 보지 못했다. 그들은 늘 웃고 있었다.

낭쉐 기점 35km 지점의 두 번째 고개에서도 땀을 쏟아야 했다. 계속되는 오르막에 허기가 일찍 찾아왔다. 식사할 만한 음식점을 찾는 데는 맵스미

maps.me 앱이 제격이었다. 맵스미는 고개 정상에서 조금만 더 가면 아웅판 Aung Pan이라는 마을이 있고 그곳에 음식점이 있다는 것을 알려 주었다. 아웅판은 낭쉐에서 46km 떨어져 있었다. 음식점은 비교적 깔끔했는데 사람마다 입맛이 달랐다. 필자에게는 맛있는 음식을 동반자들은 짜다고 투덜댔다. 동남아에서는 숙박과 음식의 기대치를 조금 낮춰야 하는데, 한국에서 경험했던 수준으로 평가하니 불평불만이 터져 나올 수밖에 없었다.

낭쉐에서 껄로까지 거리는 짧지만, 만만치 않은 고개의 연속이었다. 한 고개를 겨우 넘으면 또 다른 고개가 나타났다. 점심 식사를 마치고 아웅판에서 10여 km 떨어진 껄로Kalaw로 향했다. 껄로의 숙소는 예약하지 않았지만, 염두에 둔 곳이 있었다. 바로 제네시스 모텔Genesis Motel인데 아고다 평점이 높으면서 가격은 그다지 비싼 편이 아니었다. 그곳부터 찾아갔지만, 트윈베드룸이 없고 더블베드룸밖에 없었다. 남자들끼리 더블베드에서 자는 것이 어색하다고 해서 도로 나올 수밖에 없었다. 두 번째로 릴리 골든 게스트하우스를 찾아갔다. 해발고도 1,316m 게스트하우스의 트윈베드룸 숙박료가 25,000짯(약 20,000원)이었다. 체크인할 때 인도인 여자 주인은 와이파이가 잘 된다고 이야기했다가, 체크인하고 나니 딴소리를 했다. 미얀마 정부에서 와이파이를 통제해서 될 때가 있고 안 될 때도 있다고 하는데, 우리가 머물던 시간에는 와이파이가 전혀 되지 않았다. 저렴한 숙소에서는 딱 그 가격만큼만 기대하면 되는데, 비싼 숙소의 시설을 기준으로 평가하니 만족할 수 없었다.

• 껄로 숙소

숙소명	아고다 평점	숙박료
Dream Mountain Resort	9.0	56,208원
Thitaw Lay House	9.3	46,795원
Genesis Motel	9.1	31,232원
Green Haven Hotel	8.2	28,073원

＊껄로에는 숙박업소가 많이 있으며, 가격대도 다양하다. 평점과 숙박료는 수시로 변경된다.

미얀마 은행은 오후 3시에 문을 닫는다 -6일 차

• 이동: 껄로 → 메이크틸라

• 거리: 115km

• 누적 거리: 205km

■ **이용 도로**

> 껄로 → 4번 도로 → 메이크틸라

┤ **메이크틸라** ├

메이크틸라는 미얀마 중부에 있는 도시로, '너무 멀어서 불가능하다'라는 의미이다. 이 도시는 미얀마를 동서와 남북으로 연결하는, 즉 바간과 따웅지, 양곤과 만달레이 간의 고속도로 교차점에 있으며, 전략적 위치 때문에 미얀마 공군기지가 있다. 메이크틸라의 가장 큰 볼거리는 메이크틸라 호수다. 폭

0.8km, 길이 11km나 되는 큰 호수가 도시 한가운데를 흐르고 있다. '까라웨익'은 신화 속에 등장하는 아름다운 소리를 내는 새로, 거대한 황금빛 새가 호수에 살짝 내려앉아 있었다.

참고: 위키백과

만항재 높이인 해발고도 1,318m에서 다운힐을 시작했다. 하지만 껄로에서 시작하는 4번 도로는 급경사이면서 포장상태가 극히 좋지 않았다. 산길을 내려가는데 도로 곳곳에 웅덩이가 있고 도로 표면이 깨져 있어서 양손으로 브레이크를 꽉 잡고 천천히 도로의 요철을 피해 가야 했다. 어제 라이딩 중에 만났던 서양인 자전거 여행자들이 우리가 내려가는 이 길로 올라왔을 텐데 그들이 얼마나 고생했을지 상상이 갔다. 숙소에서부터 25km를 다운힐하는데 1시간 20분이 걸렸다. 그곳에서 가파른 고개가 끝나고 완만한 내리막으로 바뀌었다. 내리막 도로에도 이따금 짧은 고개가 섞여 있어서 마냥 편하지만은 않았다. 껄로 기점 57km에 고속버스 식당이 있었다. 아직 오늘 주행해야 할 거리의 반도 못 왔는데 벌써 진하게 피곤이 느껴졌다. 급한 내리막에다가 노로의 포장상태가 좋지 않아서 에너지 소모가 많았던 때문일 것이다. 따지Thazi에 도착한 시각은 오후 2시 45분으로, 은행 문 닫기 15분 전이었다. 미얀마에서는 오후 3시에 은행 문

컬로에서 메이크틸라 방향으로 25km가　학교에서 축구를 즐기던 미얀마 청소년들
급경사 내리막이었다.

을 닫았다. 가까스로 폐점 시간 전에 도착해서 환전할 수 있었다.

뉘엿뉘엿 해 질 무렵에 메이크틸라Meiktila에 도착했다. 미리 검색해 놓은 허니 호텔Honey Hotel을 찾아갔다. 트윈베드룸이 35달러로 저렴해서 동반자들이 만족해했다. 오늘도 세 번째로 힘들었기만, 내일은 더 고된 하루가 될 듯했다.

• 메이크틸라 숙소

숙소명	아고다 평점	숙박료
Sakhanthar Hotel Garden	8.0	40,241원
The Floral Breeze Hotel Wun Zin	6.9	32,753원
A1 Motel	7.4	23,403원

＊메이크틸라에는 숙박업소가 몇 곳 있을 뿐이다.

오토바이 용달차를 타는 방법도 있었다 –7일 차

- 이동: 메이크틸라 → 포파산
- 거리: 97km
- 누적 거리: 302km

미얀마의 요즘 날씨는 덥지도, 춥지도 않아서 자전거 타기에 딱 좋았다. 오늘은 비교적 장거리를 라이딩해야 하고 마지막 10여 km는 포파산 중턱까지 올라가야 해서 일찍 출발하고 싶었지만, 일행이 네 명이다 보니 그게 쉽지 않았다. 서둘렀는데도 가까스로 8시에 숙소를 나설 수 있었다. 이렇게 미얀마의 교통 요지인 메이크틸라는 그냥 스쳐 지나가는 도시가 되고 말았다.

20km마다 휴식을 취하기로 하고 메이크틸라 기점 첫 20km 지점에서

행인이 목마를 때 마시라고 깨끗한 물을 가득 담아 놓은 '예오'가 미얀마 거리 곳곳에 있다. 휴식을 취하던 우리에게 현지인이 먹으라고 준 바나나이다.

오토바이 용달차를 빌려서 자전거와 짐을 실었다.

라이딩을 멈추었다. 도로변 건물 그늘에 앉아서 휴식을 취하는데 주인 할아버지 내외가 바나나와 사탕을 가지고 나왔다. 그들의 얼굴에서 쉬었다 가라는 표정을 읽을 수 있었다. "밍글라바". 우리의 인사말에 노부부는 환하게 웃으며 고개를 끄덕였다.

메이크틸라에서 60km 떨어진 지점에 제법 큰 레스토랑이 있어서 그곳에서 점심을 먹고, 97km 지점의 짜빠당Kyaukpadaung과 포파산으로 갈라지는 삼거리에 도착했다. 삼거리에서 필자를 제외한 세 명은 피곤하다고 차를 빌려서 자전거를 싣고 가자는 의견을 제시했다. 필자는 애초 계획대로 리조트까지 자전거로 가고 싶은데 이들과 의견이 갈렸다. 출국 전에 있던 사전 미팅에서 서로 의견이 다를 때는 다수결에 따르기로 했으니, 그들의 의견에 따라야 했다. 주변에는 배기량이 작아서 급경사의 산을 오르지 못할 것 같은 오토바이만 있었다. 오토바이 기사에게 우리의 목적지를 전하고 갈 수 있는지 물었다. 그는 자신의 오토바이가 포파산을 올라갈 수 있을지 친구들과 의논하더니 가겠다는 의사를 표현했다. 그렇게 해서 오토바이 적재함에 자전거와 짐을 싣게 되었다.

　포파산 입구에 도착하니 초입부터 경사가 예사롭지 않았다. 오토바이는 우려한 대로 급경사에 힘겨워하는 모습을 보였다. 계속되는 가파른 고갯길에서 결국 오토바이 기사는 지름길 업힐을 포기하고 우회 루트를 택했다. 이미 하루해는 저물기 시작했고 덩달아 추위까지 느껴졌다. 갈 길이 멀었는데 만약 오토바이 운전기사가 못 가겠다고 두 손을 들면 낭패라서 열심히 그를 다독거려야 했다. 시동이 곧 꺼질 듯 힘겨워하는 오토바이와 낙담한 운전기사를 부추겨서 어렵게 포파 마운틴 리조트의 정문으로 들어섰다. 정문을 통과하고서도 한참을 달려서야 프런트 데스크에 도착할 수 있었다. 이 리조트에서 바라보는 석양이 멋지다고 해서 예약했는데, 결국 석양을 보지 못했다.

• 포파산 숙소

숙소명	아고다 평점	숙박료
Nay Min Thar Hotel	6.5	65,517원
Popa Mountain Resort	8.3	60,787원
Popa Garden Resort	9.8	50,677원

＊포파산에는 숙박업체가 몇 곳이 있으며, 가격대도 다양하다. 평점과 숙박료는 수시로 변경된다.

계단 777개를 올라서 소원을 비는 미얀마 아낙네 –8일 차

- 이동: 포파산 → 바간
- 거리: 57km
- 누적 거리: 359km

| 포파산과 낫 |

미얀마의 토속 신앙인 '낫
Nat'을 이해하기 위해서는
포파산을 찾아가야 한다. 포
파산은 미얀마에서 중요한
의미가 있는 '낫'의 본거지
이기 때문이다. '낫'은 대부
분 슬픈 사연으로 죽은 사람
을 신으로 모시는데, 미얀마
문화를 이해하려면 민간신
앙인 '낫'을 알아야 한다. 미
얀마의 불교 사원에 가보면
부처님 이외에 다른 인물상
이 놓여 있는 것을 볼 수 있

는데, 이들이 미얀마의 정령 신인 '낫'이다. 미얀마에 불교가 들어오기 전부
터 토착민들이 믿던 신앙이다. 예를 들어 농사가 흉작이면 비의 '낫', 추수의
'낫' 등을 잘 모시지 않은 탓으로 생각한다. 이처럼 미얀마 사람들은 부처와
'낫'을 별개의 존재로 생각하기 때문에 부처와 '낫'을 동시에 숭배한다.

포파산에서 내려다보이는 경치가 멋지다고 해서 포파 마운틴 리조트에서 숙박했는데 역시 기대에 어긋나지 않았다. 해발고도 800여 m의 리조트에서 바라보니 초록색 대지에 미얀마 토속 신앙 낫Nat의 본산인 황금색 따웅카랏Taung kalat 수도원이 아침 햇살에 빛나고 있었다. 멋진 풍광에 반했는지 일행 중 한 사람이 왕복 2시간 거리인 수도원까지 갔다 오자는 제안을 했다. 조금 귀찮았지만, 그의 제안을 받아들인 덕분에 미얀마 토속 신앙을 체험할 수 있는 소중한 시간을 가졌다. 따웅카랏 수도원은 옛날 계룡산 신도안 같았다. 그곳에는 36개의 낫을 모신 사당이 서로 이웃해 있었다. 미얀마 각지에서 올라온 아낙네들이 777개의 계단을 올라서 저마다의 소원을 빌고 있었다. 모든 설명이 미얀마어로 적혀 있으니 무슨 소원을 비는 낫Nat인지 알 수 없는 게 아쉬웠다.

약 3시간 동안의 수도원 답사를 마치고 천년 왕국 바간으로 향한 미얀마에서의 마지막 라이딩을 시작했다. 리조트를 멋지게 지었는데도 내부 도로는 곳곳이 패여 있어서 자전거 속도를 낼 수 없었다. 리조트에서

포파 마운틴 리조트 수영장에서 바라본 타웅카랏 수도원과 수도원으로 가는 길에 올려다본 사원이다.

5km 정도 떨어진 지점에 바간Bagan과 짜빠당으로 갈라지는 삼거리가 있었다. 우리는 바간으로 향하는 도로로 올라섰다. 추레한 모습의 어른과 아이들이 길가에 쪼그리고 앉아 있었다. 어른들은 그렇다손 치더라도 유치원이나 초등학교에 다녀야 할 아이들이 빈둥빈둥 길가에 앉아 있는 모습이 가슴 아프고 안쓰러웠다. 우리가 아이들을 가슴 아프게 생각하는 것을 아는지 모르는지 그들은 자전거를 타고 지나가는 우리에게 밍글라바를 외치며 환하게 웃었다. 포파 마운틴 리조트에서 26km 떨어진 지점에 냥우Nyaung U와 짜빠당Kyaukpadaung을 관통하는 도로가 있었다. 포파 마운틴 리조트에서 삼거리까지는 자잘한 오르막과 내리막의 연속이었지만, 삼거리부터는 페달에 발만 올려놓아도 자전거가 나갈 정도로 약한 내리막이 이어졌다.

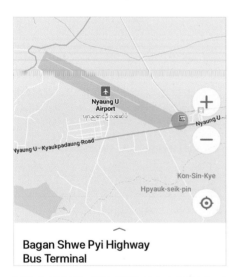

Bagan Shwe Pyi Highway Bus Terminal

냥우 초입에 있는 만달레이행 버스터미널이다. 버스표를 예매하면 버스가 숙소까지 와서 승객을 픽업한다.

바간 공항 인근에 만달레이행 고속버스 터미널이 있었다. 한국에서 미얀마 자전거 여행 계획을 세울 때는 이라와디Irrawaddy 강을 거슬러 올라가는 스피드 보트를 이용해서 바간에서 만달레이로 가려고 했다. 이 낭만적인 보트 여행은 요금이 비쌀 뿐만 아니라 시간이 무려 11시간이나 걸렸다. 그래서 고민 끝에 4~5시간밖에 걸리지 않는 버스로 이동수단을 바꾸었다. 바간에서 만달레이까지의 버스요금은 9,000짱(약

7,200원), 자전거 수화물 비용은 5,000짯(약 4,000원)이었다.

바간은 올드 바간과 뉴 바간 그리고 냥우로 나뉘어 있다. 어느 곳에 숙소를 정할까 검색했는데, 올드 바간보다는 냥우와 뉴 바간에 아고다 평점이 높으면서 저렴한 숙소가 많았다. 염두에 두었던 뉴 바간 숙소 3곳 중에서 맨 처음에 들른 바간 노바 게스트하우스가 시설이 좋고 깨끗해서 그곳에서 사흘을 묵었다.

• 바간 숙소

숙소명	아고다 평점	숙박료
Bagan Hotel River View (올드 바간)	8.0	95,550원
Bagan Lodge Hotel (뉴 바간)	8.9	131,634원
Northern Breeze Guesthouse (뉴 바간)	8.4	31,850원
Bagan Nova Guesthouse (뉴 바간)	8.3	25,299원
Zfreeti Hotel (냥우)	8.5	53,074원

*바간 지역에는 숙박 업소가 많이 있으며, 가격대도 다양하다. 평점과 숙박료는 수시로 변경된다.

약 1,000년 전에 세워진 2,500여 개의 사원과 탑 −9일 차

• 이동: 바간
• 거리: 35km
• 누적 거리: 394km

바간은 버마족이 11~13세기에 세운 바간 왕조의 수도였다. 바간은 올드Old 바간과 뉴New 바간, 냥우Nyaung U 지역으로 구분된다. 도시의 주요 기능은 냥우 지역에 있으며 버마의 첫 통일 왕국의 수도였던 올드 바간에는 바간 왕조와 주요 불교 유적지가, 뉴 바간에는 관광객을 위한 휴양시설이 자리잡고 있다. 바간에는 2,500여 개의 불탑이 산재해 있으며, 세계적으로 손꼽히는 불교 건축물인 비슈누파 사원, 석가모니의 일생을 담은 그림으로 유명한 구뱌욱지Gupyaukgi 파고다, 쉐산도 파고다, 술라마니 파고다 등이 있다.

쉐지곤 파고다Shwezigon Pagoda는 미얀마 파고다의 모델로, 양곤의 쉐다곤 파고다나 바고의 쉐모도 파고다의 원형이 되었다. 이 사원에는 부처님의 머리뼈와 치아가 봉안되어 있다.

1091년에 지어진 아난다 파고다Ananda Pagoda는 바간의 수많은 사원 중에서 가장 중요하게 여겨지는 사원이다. '아난다'는 부처님의 첫 번째 제자 이름에서 유래되었다는 설과 산스크리트어의 '무한한 지혜'에서 유래되었다는 설이 있다.

출처: 두산백과

해발고도 60m인 바간은 위도가 낮아서 더울 것으로 생각했는데, 새벽과 오전에는 예상과 달리 추웠다. 바간을 답사하려고 아침 6시에 나갈 때

혹시나 해서 겨울옷을 챙겼는데, 만약 오리털 파카를 가지고 나가지 않았더라면 무척 추울 뻔했다. 맨 처음 들른 사원은 도로 안내판에 한글로 이름이 적혀 있는 레 미엣 나Lay Myet Hnat 사원이었다. 아무런 사전 지식도 없이 그곳에 갔는데 사원 담장 밖에 자동차 서너 대가 주차되어 있었다. 컴컴한 통로를 따라서 무작정 2층으로 올라갔다. 통로가 비좁아서 허리를 잔뜩 구부렸는데도 머리가 천장에 세게 부딪혔다. 자전거 헬멧을 쓰지 않았더라면 심하게 다칠 뻔했다. 사원 2층 테라스에는 구경꾼들이 동쪽을 향해서 카메라를 세팅해 놓고 일출을 기다리고 있었다. 넓디넓은 들판에 얇은 운무가 끼었고 곳곳에 붉은색 사원이 자리를 잡고 있었다. 열서너 개의 열기구가 떠 있는 뒤로 오늘의 태양이 서서히 자태를 드러내고 있었다. 오전 6시 58분이었다. 바간의 신비한 광경에 취해서 연신 카메라 셔터를 눌러댔다. 바간에 대한 놀라움과 신비함의 여운이 채 가시기 전에 쉐산도Shwe San Daw 사원을 찾아갔다. 이 사원은 일출과 일몰의 명소인데 2017년 10월 18일 내린 폭우로 남동쪽 테라스가 붕괴하여 지금은 입장 불가였다. 바간에는 사원이 무수히 많았다. 일설에 바간의 사원 숫자가

우리나라 불교계에서 지원해서 복원한 레 미엣 나Lay Myet Hnat 사원에서의 일출이다.

바간은 미얀마 최고의 불교 유적지로, 유네스코 지정 세계 3대 불교 유적지 중의 하나이다. 1,000년 전에 건설한 2,500여 개의 각양각색의 사원과 탑들이 있다.

4,400여 개가 넘었다는데, 1975년에 있었던 지진으로 많은 사원이 파괴되어 지금은 2,500여 개만 남아 있다고 한다. 크고 작은 사원에 들어갈 때마다 신발과 양말을 벗어야 해서 무척 성가셨다. 오늘만 대략 30번 넘게 양말과 신발을 벗고 신었다.

　바간에서 외국인은 입장료 25,000짯(약 20,000원)을 내야 한다. 오늘 쉐지곤 파고다Shwezigon를 보려고 입장하는데 사원 입구에 앉아 있던 여직원이 표 검사를 했다. 어제 바간에 들어올 때 내지 않아서 혹시 운 좋으면 내지 않을 수 있겠다 싶었는데 결국 입장권을 끊고 말았다. 국내든 해외든 유명 관광지에 왔으면 당연히 관람료라든지 입장료를 내야 하지만, 예산이 빠듯한 여행자에게는 적지 않은 돈이라서 잠깐 허튼 생각을 했다. 바간에서는 거리에서 입장권을 검사하지 않고 주로 큰 사원에서 불시에 검사했다. 어느 사원에서는 검사 여직원이 서양인 2명에게 입장권을 보여 달라고 했는데, 갑작스럽게 질문을 받은 서양 청년들은 우물쭈물하다가 티켓을 숙소에 놓고 왔다고 대답했다. 그러자 여직원은 얼마를 냈는지 그들에게 물었다. "5,000짯". 그들의 대답이 끝나자마자 그녀는 조금의 망설임도 없이 거짓말하고 있다고 쏘아붙였다. 바간 입장료는 25,000짯이었기 때문이다.

한국 불교계에서 복원 사업을 지원한 사원 -10일 차

- 이동: 바간
- 거리: 12km
- 누적 거리: 406km

어제 일출을 보았던 레 미엣 나Lay Myet Hnat 사원에 오늘은 일행을 데리고 갔다. 안개가 많이 껴서 시야가 흐릿했지만, 일출 시각이 다가오니 열기구가 하나둘 하늘로 올라갔다. 열기구 19개가 하늘에 떠서 일출 광경을 지켜보았다. 오늘은 일출과 일몰만 보고 나머지 시간은 숙소에서 휴식을 취했다. 오후 5시 30분, 일몰 시각에 맞춰서 다시 레 미엣 나 사원으로 갔다. 기대한 것만큼의 멋진 일몰은 아니었지만, 사원을 배경으로 한 일몰을 다른 곳에서는 볼 수 없을 것이다.

레 미엣 나Lay Myet Hnat 사원에서의 일몰이다.

익스프레스 버스는 완행이었다 -11일 차

- 이동: 바간 → (버스) → 만달레이
- 거리: 0km
- 누적 거리: 406km

　　바간과 만달레이를 왕복하는 버스 회사에 헬로 익스프레스Hello Express
와 페이머스 트레블러 버스Famous Traveller Bus가 있다. 필자가 이용한 헬로
익스프레스는 오전 8시와 11시, 오후 3시에 바간을 출발했다. 만달레이
까지의 소요시간은 4~5시간이지만, 간혹 6시간도 걸린다고 한다. 두 도
시 간의 거리가 190km인 점을 고려하면 시간이 꽤 오래 걸리는 셈이다.
오전 8시에 출발하는 버스는 아침 7시 30분에 호텔로 우리를 픽업하러
왔다. 버스가 조금 작아서 자전거를 싣지 못하면 어떻게 하나 걱정했는

헬로 익스프레스와 페이머스 트레블러 버스는 바간과 만달레이를 하루에 여러 편 왕복
한다.

데, 앞바퀴를 빼니 적재함에 2대를 넣을 수 있는 공간이 생겼다.

익스프레스Express라고 해서 직행버스인 줄 알았는데 마을마다 서는 완행버스였다. 심지어 어떤 승객을 기다린다고 길가에 20여 분간이나 정차했다. 만달레이까지의 대부분 구간이 도로 요철이 심해서 혹시라도 자전거가 상하지 않을까 걱정될 정도였다. 다행히 만달레이에 가까워지면서 고속도로로 주행해서 조금은 마음을 놓을 수 있었다. 바간을 출발한 지 5시간 만에 만달레이 외곽의 허름한 터미널에 도착했다. 버스 터미널이 만달레이 왕궁 근처인 줄 알았는데 멀리 떨어진 곳에 내리니 조금 당황스러웠다. 차량으로 번잡한 도로에서 신속히 짐 정리를 마치고 숙소를 향해 출발했다. 호텔은 버스 터미널에서 대략 10km 떨어져 있었고, 프런트 직원은 우리를 반갑게 맞으며 자전거 박스를 잘 보관하고 있다고 귀띔해 주었다. 호텔에 보관 중인 자전거 박스가 낡아서 시내에 있는 메리다 자전거 대리점에서 포장박스를 3,000짯(약 2,400원)에 추가로 구입했다.

• 만달레이 숙소

숙소명	아고다 평점	숙박료
The Link 78 Mandalay Boutique Hotel	8.7	70,799원
The Home Hotel	8.7	44,549원
Downtown @ Mandalay	9.3	28,073원
Man Shwe Li Hotel	9.0	19,831원

*만달레이에는 숙박업소가 많이 있으며, 가격대도 다양하다. 평점과 숙박료는 수시로 변경된다.

관광객이 몰리는 마하간다용 수도원의 탁발 공양식 –12일 차

- 이동: 만달레이
- 거리: 57km
- 누적 거리: 463km

┤ 만달레이 ├

만달레이는 미얀마 제2의 도시이며 미얀마 역사와 문화의 도시라고 할 수 있다. 만달레이는 원래 미얀마 마지막 왕조였던 콘바웅 왕조의 수도였으나, 1885년 미얀마가 영국과의 전쟁에서 패하면서 영국이 수도를 영국과 쉽게 왕래할 수 있게 바다에서 가까운 남부의 양곤으로 옮겼다. 만달레이가 수도의 지위에 있었던 24년은 비록 짧은 기간이었지만, 그 이전부터 이라와디

만달레이 왕궁은 미얀마 마지막 왕조의 왕궁이다. 영국의 침략을 막기 위해서 가로와 세로 각 3km, 높이 8m의 성곽을 쌓았고, 주변에 거대한 해자를 만들었다.

일몰 명소로 알려진 우뻬인 다리는 200년 전 마하간다용 수도원 스님들의 탁발을 돕기 위해 건설되었다. 이 다리는 물에 잘 썩지 않는 티크 나무로 만들어졌으며 길이 1.2km, 높이 3m, 폭 2m이다.

강을 중심으로 밍군, 잉와, 사가잉 지역과 함께 오랫동안 미얀마의 중심지 역할을 해 와서 이 지역에는 많은 볼거리가 남아 있다.

오늘은 만달레이 주변의 유명한 관광지인 우빼인 다리와 마하간다용 수도원, 사가잉, 그리고 만달레이 왕궁과 만달레이 힐을 둘러보려고 한다. 먼저 우빼인 다리를 찾아갔다. 이 다리는 일몰 풍경이 멋지지만, 아침에 왔으니 여느 다리와 별반 다르지 않아서 감흥이 일어나지 않았다. 우빼인 다리를 건너서 건너편에 있는 마하간다용 수도원으로 갔다. 오전 10시에 시작하는 탁발 공양을 보려고 관광객들이 모여들었다. 정확히 10시가 되자 사원 주변 도로를 따라 많은 스님이 열을 지어 걸어왔다. 스님들의 손에 들려 있는 공양 그릇에는 간단한 보시 음식만 들어 있었다. 우리를 포함한 대부분 관광객은 사진만 열심히 찍었지, 음식 공양에는 별 관심이 없었다. 이런 탁발 공양은 매일 두 차례 있다. 수도원에서는 스님들이 먹

마하간다용 수도원은 미얀마 최대 불교 교육기관이다. 1914년에 설립되었고 현재는 1,000여 명의 승려가 수행하고 있다고 한다.

을 밥과 반찬을 별도로 준비해 놓았고, 스님들이 수도원 뜰에서 밥과 채소를 받아 들고 식당 안으로 들어갔다.

탁발 공양과 사가잉 구경을 마치고 만달레이 시내로 돌아왔다. 이제 미얀마 자전거 여행을 마쳤으니 자전거를 포장박스에 담아야 할 시간이다. 자전거 포장작업은 어렵지 않지만 늘 신경이 쓰인다. 어제 기껏 구해 놓은 포장박스의 크기가 작아서 한국에서 가져온, 오래돼서 종이가 삭은 박스에 다시 자전거를 담았다. 미얀마에는 아웅 산 수찌 여사만 있는 줄 알았는데, 수많은 착하고 친절한 미얀마 사람들이 있었다. 이분들 덕분에 큰 어려움 없이 미얀마를 즐겁게 여행할 수 있었음에 깊은 감사를 드린다. "밍글라바"

아낌없는 도움을 준 미얀마의 초로 신사

미얀마 양곤에 도착했을 때 두 가지 난제(難題)가 있었다. 하나는 보름 후 만달레이에서 비행기에 자전거를 실을 때 어떻게 포장박스를 구할 수 있을지와 다른 하나는 내일 양곤에서 낭쉐로 장거리 버스를 타고 이동할 때 자전거 4대를 버스 1대에 적재할 수 있는지였다. 첫 번째 문제를 해결하기 위해서는 한국에서 가져온 포장박스를 버리지 말고 미얀마에서의 마지막 숙박 호텔로 보내서 우리가 미얀마를 떠날 때 사용하면 될 듯싶었다. 어떻게 양곤에서 640km 떨어진 만달레이로 자전거 포장박스를 보낼 수 있을지 호텔 매니저와 상의했지만 뾰족한 방법이 없었다. 그런데 필자의 행동을 지켜보던 초로(初老)의 남자가 있었다. 그는 필자에게서 몇 가

지 정보를 얻고서 이곳저곳 전화
하기 시작했다. 택배회사를 통해서
포장박스를 보내려는 듯했다. 그렇
게 하려면 포장박스를 받을 만달
레이 호텔을 예약해야 했다. 서둘
러 예약한 호텔 전화번호를 그에
게 넘겨주었다. 무슨 말인지 알 수
없었지만, 그곳의 호텔과 전화 통
화하는데 뭔가 잘 풀려간다는 느
낌을 받았다. 아니나 다를까 만달

자전거를 버스에 적재하는데 도움을 준 미얀마 태
생의 하워드 혼 후(오른쪽)

레이 호텔에서 자전거 포장박스를 받아주겠다고 약속했단다. 그의 승용
차를 타고 택배회사로 가서 만달레이 호텔로 포장박스를 보냈다. 이런 과
정을 통해서 골치 아픈 문제 하나를 해결했다.

　난제가 하나 더 있었다. 한국에서는 고속버스에 자전거 3대까지 실어
본 적이 있지만, 미얀마에서 4대를 실어야 했다. 양곤과 낭쉐 간을 운행하
는 버스는 하루에 한 차례뿐이었다. 미얀마의 버스 구조를 알지 못하고,
다른 승객의 짐 보따리가 얼마나 많을지도 모르는데, 어쨌든 버스 1대에
자전거 4대를 적재해야 했다. 당일 고속버스 터미널에서 우격다짐으로
요구할 수 있지만, 혹시라도 자전거를 싣지 못하는 낭패를 당할 수도 있
다. 이 문제 역시, 의문의 사내에게 처리를 부탁했다. 그는 필자에게 먼저
4명의 버스표를 예매하라고 했다. 호텔에서도 고속버스 티켓 예매가 가
능해서 그의 지시에 따랐다. 그는 제이제이 익스프레스 고속버스 회사에
전화를 걸었다. 한참을 뭐라고 통화한 후에 그는 스마트폰을 내려놓았다.

그리고서는 버스회사에서 자전거 실을 공간을 만들어 주겠다고 약속했으니 걱정하지 말란다.

　의문의 사나이는 중국인 부모를 둔 미얀마 태생의 나이 62세 하워드 혼 후였다. 여섯 형제의 막내인 그는 104살 어머니를 모시고 살고 있었다. 그는 미국 LA에서 24년간 거주했고, 미얀마에서는 포토그래퍼로서, 주로 예식 사진을 찍고 틈틈이 여러 가지 부업을 하고 있었다. 홀연히 나타난 귀인 덕분에 필자 혼자서는 해결하기 어려웠던 난제를 수월하게 풀 수 있었다.

*본 콘텐츠는 2018년 1월 기준으로 작성되었습니다. 현지 사정에 의해 정보가 달라질 수 있습니다.

09

부록

■ 자전거 여행할 때 필요한 최소한의 부품과 공구

튜브 2개, 체인 오일, 볼트와 너트 약간, 스포크 렌치, 체인 커터, 체인 링크

1. 자전거 포장

비행기에 자전거를 실을 때, 포장박스(하드 케이스 또는 소프트 케이스)에 자전거를 넣어야 한다. 하드 케이스의 종류는 다양하며, 파손의 위험이 없이 자전거를 운송할 수 있다. 이에 반해서 소프트 케이스는 현지에 도착해서 버리고, 귀국할 때 현지에서 다시 구하면 되지만, 비행기 적재과정에서 발생할 수 있는 외부 충격에 취약하다.

■ 자전거 포장방법

1) 종이 포장박스 구입

- 우리나라에서는 자전거 판매 비수기인 겨울철을 제외하고 자전거 가게
  에서 포장박스를 쉽게 얻을 수 있다. 만약 겨울철에 자전거 여행을 떠
  날 때는 사전에 자전거 가게에 포장박스를 준비해 달라고 부탁할 필요
  가 있다.

  동남아시아는 대부분의 자전거 가게에서 포장박스를 가지고 있지 않아
  서 날짜 여유를 두고 사전에 주문해야 하며, 약간의 금액(5,000원~1
  만 원)을 요구하기도 한다.

- 항공사에서는 자전거 파손 시 항공사에 책임을 묻지 않는다는 동의서
  에 서명할 것을 요구한다.

2) 하드 케이스 구입

- 하드 케이스 가격은 고
  가(高價)로, 대략 30
  ~ 80만 원대이다.

- 출국 도시와 입국 도시
  가 같을 때 유용하다.

- 케이스 자체 무게가 있
  어서 자전거를 포장하
  고 나면, 무료 위탁 수
  화물 허용 무게를 초과
  할 수 있다. 이 경우에
  는 항공사마다 다르지
  만, 추가 요금이 발생
  한다.

3) 소프트 투어링 캐링백 구입

- 투어링 캐링백은 2~3
만 원이면 살 수 있다.
- 비행기 운송 시 자전거
파손 위험이 상대적으
로 높다.
- 드레일러 등 예민한 부
품은 에어캡(뽁뽁이)
이나 골판지 등으로 감쌀 필요가 있다.

- 비행기 운송 도중에 자전거 파손 시 항공사에 책임을 묻지 않는다는 동
의서에 서명해야 한다.
- 캐링백을 접으면 부피가 작고 무게도 가벼워서, 패니어 또는 배낭에 넣
고 다니기 편리하다. 포장박스를 구할 수 없는 외국의 중소규모 도시에
서 귀국할 때 유용하다.

4) 공항(인천공항, 타이완의 타오위안공항 등)에 종이박스 포장업체 있음

5) 태국 돈므앙공항 등에는 비닐랩으로 포장하는 업체 있음

2. 소프트 박스에 자전거 넣기

폭이 좁은 포장박스 안에 자전거 본체와 바퀴, 핸들 등을 넣기가 쉽지 않다.
한 번은 유난히 폭이 좁은 박스에 자전거를 넣으면서 애를 먹은 적이 있는
데, 단골 자전거 가게의 도움을 받고서야 작업을 마칠 수 있었다. 전문가의
포장 방법은 필자와 달랐다. 그는 뒤바퀴를 빼지 않았고, 드레일러도 탈거하
지 않았다. 핸들과 페달, 안장, 앞바퀴만 빼서 포장박스의 빈 곳에 넣었다.
드레일러를 프레임에서 분리하지 않으니, 주의해야 할 게 있다. 자전거를 박

스에 넣기 전에 뒷변속기를 반드시 기어 1단에 위치시켜서 혹시 모를 외부 충격에 대비해야 한다. 또한, 뒤바퀴를 빼지 않으니 리어랙이 장착된 자전거의 높이가 포장박스보다 높아져서, 리어랙이 포장박스 위로 조금 튀어나올 수 있다. 이때는 박스 밖으로 튀어나온 부분을 칼로 도려내고 테이프로 붙여서 박스 안의 내용물이 밖으로 빠져나가지 않도록 마

감하면 된다. 몇 해 전 필자가 자전거 여행을 마치고 귀국할 때 포장박스에 외부 충격이 가해져서 뒤바퀴 림이 휘어지고, 드롭아웃에 끼워 두었던 플라스틱 지지대까지 부러진 적이 있다.

3. 자전거 분해

- 항공사별 자전거 위탁 수화물 규정이 다르다. 세 변(가로+세로+높이)의 합이 허용치를 넘지 않는 포장박스를 구해야 한다.
- 조립이 되어 있는 자전거는 분해해야 포장박스에 넣을 수 있다.
  ① 크랭크암에서 페달을 탈거한다.
  ② 스패너를 뒤쪽으로 누르면 페달을 떼어 낼 수 있다.
  ③ 육각 렌치로 헤드셋 캡과 스템의 나사를 돌려서 포크에서 핸들바를 떼어 낸다. 이때 헤드셋 캡과 볼트, 베어링과 베어링 캡을 분실하지 않도록 케이블 타이로 묶고, 조립할 때를 대비해서 베어링의 순서를 잘 기

억한다.

④ 안장 높이를 낮춰야 박스 안에 들어갈 수 있으니 클램프 나사를 풀어서 안장을 빼거나, 시트 튜브에 아래로 밀어 넣으면 된다. 안장을 빼기 전에 안장 높이를 시트 포스트에 표시(필자는 검은색 테이프를 두름)해 두면, 조립할 때 안장 높이를 종전과 같게 할 수 있다.

⑤ QR 레버를 돌려서 앞 바퀴를 탈거한다. 앞바 퀴를 빼낸 포크 드롭아 웃에는 플라스틱 지지 대를 끼워서 혹시라도 발생할 수 있는 외부 충격으로부터 포크를 보호한다.

QR 레버의 스프링을 분실할 수 있으니, 허브에서 빼서 별도로 잘 보관해야 한다. 유압 디스크 브레이크는 앞바퀴를 탈거한 후에 브레이크 패드 사이에 스페이서를 끼워 놓도록 한다. 로터가 빠진 상태에서 브레이크 레버를 당기면 패드끼리 딱 달라붙어서 떨어지지 않는다.

⑥ 드레일러를 탈거하면 좋지만, 분리와 조립에 시간이 소요될 수 있다. 만약 드레일러를 탈거하지 않는다면 플라스틱 드레일러 가드를 구해서

끼워 두면 좋다. 이때 반드시 뒤 기어는 1단으로 위치시켜야 조금이나마 외부 충격으로부터 드레일러를 보호할 수 있다.

⑦ 뒤바퀴는 탈거해도 좋고 그냥 두어도 좋다. 그냥 넣을 때 리어랙이 부착된 자전거는 리어랙이 포장박스 위로 나올 수 있다. 이 경우에

는 그 부분을 칼로 도려내고 스카치테이프로 막아 버리면 된다. 뒤바퀴를 분리하지 않으면 작업소요 시간이 많이 줄어든다.

⑧ 앞과 뒤 타이어의 바람을 빼놓는다.

⑨ 프레임 등에 상처가 나지 않도록 케이블 타이를 이용해서 완충재로 감싼다.

• 박스 포장이 완료되면 드레일러가 위치한 면에 'UP' 또는 'Drive Side'라고 크게 써 놓는다.

4. 포장박스 공간 활용

기내 반입할 수 없는 공구 등은 포장박스 구석구석에 넣어 둔다. 필자는 헬멧, 클릿슈즈, 페달, 물통, 스패너 그리고 분리한 QR레버, 스템 등을 지퍼백에 넣어서 박스 내의 빈 곳에 보관한다. 해외 공항에 도착해서 곧장 자전거를 조립할 때는 테이프로 포장했던 박스를 자를 수 있는 칼이 필요하다. 칼은 기내 반입이 안 되는 품목이라서, 필자는 비닐봉지에 칼을 넣어서 포장박

스 손잡이 구멍 바로 아래에 테이프로 붙인다. 해외 공항에서 자전거를 조립할 때 박스 안으로 손을 넣어서 비닐봉지를 떼어 내고 칼을 꺼낸다.

5. 소프트 캐링백 가지고 출국하기

카티클란이나 깔리보 등 작은 도시에는 자전거 가게가 없어서 골판지로 만든 포장박스를 구하지 못할 수 있다. 이처럼 입국 비행기를 타는 도시가 큰 도시가 아니라면 한국에서 출국할 때 아예 헝겊으로 만든 캐링백을 가지고 나가면 좋다. 필자는 투어링용 캐링백에 자전거를 넣어서 비행기에 실어 보지 않았지만, 적지 않은 자전거 여행자들이 그렇게 했다고 들었다. 이 방법은 간편하지만, 아무래도 자전거 파손 위험이 높아서 상당한 주의를 기울여 엠보싱 포장지나 골판지 등으로 덧대면 좋다. 캐링백은 접으면 부피가 작아져서 배낭이나 패니어에 넣고 다닐 수 있다.

6. 포장박스 운반

외국의 자전거 가게에서 포장박스를 얻고 난 후, 공항에서 자전거를 분해, 포장할 때는 박스를 2겹 또는 3겹으로 접어서 공항까지 자전거를 타고 가면 된다.

7. 펑크 때우기

튜브리스타이어를 제외하고 대부분의 타이어 안에는 튜브가 들어 있다. 라이딩 도중에 펑크가 나면 안전사고와 직결될 수 있어 반드시 수리해야 한다.

준비물: 타이어 레버, 펑크 패치, 본드, 사포

① QR 레버를 젖히고 돌려서 펑크 난 타이어를 프레임서 분리한다.
   - 튜브 밸브 캡과 고정 와셔를 돌려서 빼낸 다음에 밸브를 눌러서 튜브에 남아 있는 공기를 모두 뺀다.
   - 타이어가 비드면에 유착되어 있을 수 있으니, 타이어를 돌려가며 두 손으로 꼼꼼히 눌러서 비드면에서 타이어를 떼어 낸다.
   - 타이어 레버 2개 중 1개를 타이어와 림 사이에 넣어서 젖히고, 레버의 끝을 바큇살에 걸어 고정한다. 나머지 타이어 레버도 타이어와 비드 사이에 넣어서 타이어를 비드 밖으로 끄집어낸다.

② 타이어가 림에서 분리되면 튜브를 꺼낸다. 튜브에 공기를 주입해서 손등이나 뺨에 대고 바람이 새는 곳을 찾아서 펑크 위치를 확인한다. 미세한 펑크는 물에 담가 공기 방울이 올라오는 곳을 찾는다.

③ 공기가 새는 곳을 확인했으면 본드 접착 시 마찰력을 높이기 위해 사포로 살짝 튜브를 갈아 준다.

④ 펑크 난 부위에 본드를 바르고 2~3분간 말린다.

⑤ 본드를 일단 말린 다음에 다시 한번 펑크 부위에 본드를 발라 준다.

⑥ 본드가 살짝 마르면 펑크 패치에 붙은 비닐을 제거하고, 펑크 부위가 패치의 중간에 오도록 맞추고, 엄지손가락으로 눌러서 패치를 단단히 붙인다.

⑦ 타이어 안쪽 면에 이물질이 없는지 반드시 손가락으로 만져 보면서 살핀다. 펑크 원인을 제거하지 않으면 튜브를 끼웠을 때 다시 펑크가 난다.

⑧ 튜브가 꼬이지 않도록 튜브에 공기를 살짝 넣는다. 그런 다음에 튜브 밸브를 림 홀에 삽입하고 밸브 고정 와셔를 살짝 돌려 장착한다. 이때 밸브 고정 와셔를 완전히 돌리면 타이어가 튜브와 비드 사이에 들어가지 않는다.

⑨ 튜브를 타이어 안쪽으로 밀어 넣고, 타이어의 비드를 림 안에 장착한다.

⑩ 타이어 비드의 마지막 부분은 손으로 장착하기 어렵다. 이때는 타이어 레버를 사용해서 타이어 비드를 들어 올려서 림에 장착한다. 레버에 튜브가 손상되지 않도록 조심해야 한다.

⑪ 타이어 비드가 림에 완전히 들어가면 손으로 타이어를 주무르면서 림에 올바르게 장착되었는지 확인한다.

⑫ 튜브에 적정 공기압을 넣고 밸브를 잠근 후 밸브 캡을 씌운다. 이때 튀어나온 밸브만큼 밸브 고정 와셔를 완전히 잠근다. 적정 공기압은 타이어 표면에 표시되어 있다.

⑬ 휠을 자전거에 끼우고 타이어를 손으로 돌려서 제대로 돌아가는지 확인한다.

팁 1) 야외에서의 펑크 수리는 시간적, 공간적 제약을 받는 경우가 많다. 튜브의 펑크 부위를 찾기 어려울 때가 있고, 특히 비 올 때는 펑크 패치가 잘 붙지  않는다. 따라서 예비 튜브를 준비했다가 타이어가 펑크 나면, 펑크 난 튜브를 빼내고 새것으로 교체하면 좋다. 추후 여유가 있을 때 펑크를 때우고, 그것을 예비 튜브로 사용하면 된다.

팁 2) 펑크가 여러 군데 났거나, 스네이크 바이트(Snake bite, 튜브에 공기가 부족해서 림의 양 끝이 튜브를 찍는 경우 뱀에 물린 것처럼 2개의 구멍이 남) 유형의 펑크는 아에 튜브를 교체하는 것이 좋다.

8. 자전거 응급처리

• 타이어가 찢어졌을 때

타이어 옆면이나 위쪽이 찢어지면 튜브가 밖으로 나올 수 있다. 이럴 때는 손상된 타이어 부위 안쪽에 패치, 우유 팩 또는 지폐를 덧댄다. 튜브의 공기압은 평소보다 조금 적게 한다.

• 림이 휘어져 바퀴가 브레이크에 닿을 때

푹 꺼진 웅덩이 등을 지날 때 충격으로 림이 휘는 경우가 있다. 많이 휘어지지 않았다면 휴대하고 있는 스포크 렌치(바큇살을 조이거나 풀어서 림을 바로 잡는 공구)로 브레이크가 닿는 부근의 니플을 살짝 풀거나, 반대편의 니플을 살짝 조여 준다. 때에 따라서 브레이크 케이블을 풀어서 패드의 간격을 넓혀도 좋다. 다만 이때는 브레이크 제동이 되지 않으니 조심해야 한다. 만약 심하게 휘었다면 바퀴를 빼서 발로 밟거나 양팔로 눌러서 어느 정도 림을 편 다음에 최대한 빨리 자전거 수리점에 가서 고쳐야 한다.

• 스포크가 부러졌을 때

무거운 짐을 달고 여행을 하다 보면 바큇살이 부러지는 경우가 있다. 느슨한 장력이 주 원인이다. 즉시 교체해야 하는 것이 최선이지만, 임시 조치로 부러진 바큇살이 주행에 방해가 되지 않도록 잘 묶어서 자전거 수리점을 찾아가도록 한다.

• 체인이 끊어지는 경우

급한 경사에 무리한 기어 변경을 하거나 무거운 짐을 실었을 때는 간혹 체인이 끊어지는 경우가 있다. 이런 경우를 대비해서 체인 커터를 휴대할 필요가 있다. 체인 커터로 끊어진 체인 핀을 밀어내고 체인 링크로 체인을 다시 연결하면 된다. 유사시를 대비해서 체인 링크를 가지고 다니면 좋다.

• 뒷변속기가 망가졌을 때

뒷변속기의 가이드 풀리가 휘거나 부러지면 체인이 움직이지 않는다. 이럴 때는 체인 커터로 체인을 끊어내고 뒷변속기에서 빼낸다. 그리고 체인을 스프라켓(뒤 기어) 중간 기어와 중간 체인링(앞 기어)으로 바로 연결한다. 이렇게 하면 자전거를 움직일 수는 있지만, 기어가 고정돼서 기어 변속이 되지 않는다. 앞과 뒤 기어의 조작이 불가능하니 최대한 빨리 자전거 수리점에서 수리를 받아야 한다.

9. 개 대처방법

필자는 체인 자물쇠나 긴 나무 구두주걱을 가지고 다니기도 했다.

자전거 여행자에게 개는 천적이다. 필자도 태국 여행할 때 개를 쫓다가 자전거에서 떨어진 적이 있다. 개 퇴치 방법은 다양하다. 막대기를 가지고 다니다가 개가 공격하면 휘두른다든지, 개퇴치 스프레이를 분사하는 방법, 호루라기를 불어서 놀라게 하는 방법, 장난감 물총을 쏴서 퇴치하는 방법 등이 있다. 어쨌든 중요한 것은 개한테 물리지 않아야 한다.

┤ gpx 파일 생성과 아이폰으로 export하기 ├

(예시) 쿠알라룸푸르에서 Bentung까지의 gpx 파일을 만들고 아이폰으로 export하기

① 컴퓨터에 '구글어스'를 다운로드한다.
② '구글어스'를 실행해서, 자신이 여행하려는 시작점을 클로즈업한다. 말레이시아 쿠알라룸푸르의 자신이 묵는 호텔을 찾는다.

③ '구글어스' 상단 메뉴 중에서 '추가'와 '경로'를 클릭한다.

④ 'Google어스-새경로' 알림창이 뜨면 이름에 'KL-BENTUNG'을 입력한다. 단, 이때 한글 이름을 사용하면 안 된다. 아이폰으로 export가 되지 않는다.

⑤ 이름을 입력한 후에 'OK'를 누르지 말고, 코스 작업에 방해가 되지 않도록 알림창을 한쪽으로 밀어 놓는다.

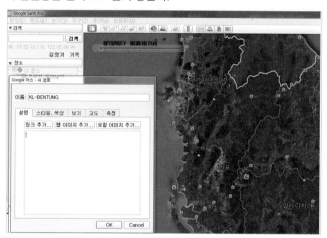

⑥ 마우스를 이용해서 여행 시작점부터 차근차근 클릭해 가며 루트를 만든다. 실제 라이딩하고자 하는 도로와 GPX 루트가 멀어지지 않도록 촘촘하게 웨이포인트를 찍어 가며 루트를 만든다.

⑦ 화면 오른쪽 위에서 두 번째 원 모양의 방향키를 이용해서 전후좌우로 움직이고 '+'와 '−' 막대를 이용해서 줌인, 줌아웃한다. (키보드의 방향키를 이용해서 화면 이동할 수도 있음)

⑧ 만약 마우스 클릭을 잘못해서 루트가 잘못 만들어졌을 때는 해당 웨이포인트에 마우스를 올려놓고 오른쪽 버튼을 누르면 마지막에 생성되었던 구간을 삭제한다.

⑨ 루트 작성이 끝났으면, 한쪽으로 밀어 놓았던 알림창을 가운데로 옮기고 'OK' 버튼을 누른다.

⑩ 화면 왼쪽의 메뉴바의 '장소' 카테고리에 'KL-BENTUNG(하이라이트 됨)'이 생성되어 있음을 알 수 있다.

⑪ 하이라이트 되어 있는, 새로 생성된 'KL-BENTUNG'을 마우스로 우클릭하면 새로운 메뉴창이 뜬다.(메뉴창의 '고도 프로필 표시'를 클릭하면 조금 전에 만든 루트의 총거리와 고도가 디스플레이된다.)

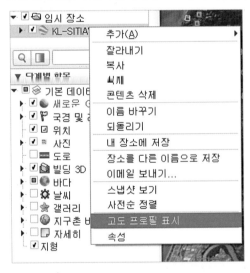

⑫ 구글어스에서 새로 생성한 'KL-BENTUNG'은 구글어스에서만 사용 가능한 KMZ 파일이다. 이 파일을 필자가 원하는 gpx 파일로 변환해야 한다.(GPX 변환 인터넷 사이트는 여러 개가 있다. 필자는 GPS Visualizer

를 사용해서 변환하는 것을 예로 든다.)

⑬ 새로 생성된 'KL-BENTUNG'을 마우스로 우클릭하면 새로운 메뉴창이
뜨는데, 여러 메뉴 중에서 '장소를 다른 이름으로 저장'을 클릭한다. '파
일 이름'을 입력하고 저장 버튼을 누른다.(필자는 이 파일을 쉽게 찾아볼
수 있도록 바탕화면에 저장한다. 이때 파일 이름에 한글을 사용하면 안
된다.)

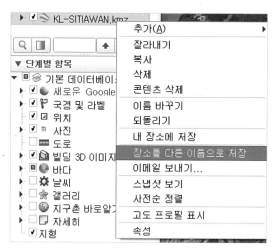

⑭ 바탕화면에 'KL-BENTUNG.KMZ'이 있는 것을 확인한다. 이제는 구글
어스를 종료해도 좋다.

⑮ 인터넷 브라우저로 www.gpsvisualizer.com을 연다.

Ⓐ 화면 좌측 가운데에 있는 'Get Started now!'에 주목한다.

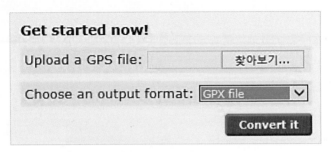

Ⓑ 'Upload a GPS file'은 찾아보기를 이용해서 바탕화면에 있는 'KL-BENTUNG'을 불러온다.

Ⓒ 'Choose an output format'은 아래 화살표를 이용해서 'GPX file'을 선택한다. 'Map it' 이 'Convert it'로 바뀐다. 'Convert it'을 클릭한다.

⑯ Your data has been converted to GPX.가 표시된다. GPX로 변환이 완료되었다. 아래 줄의 Click to download **********.gpx에 마우스를 올려놓고 오른쪽 버튼을 클릭한다. 여러 가지 메뉴 중에서 '다른 이름으로 대상저장'을 누르고 저장하고자 하는 위치(바탕화면 등)에 GPX 파일을 저장한다.

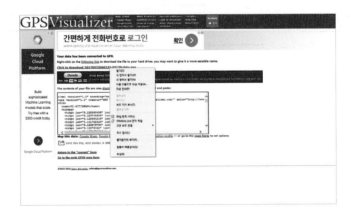

⑰ 지메일 또는 네이버 등의 포털 사이트에 들어가서 '편지쓰기'를 클릭한
다. 받는 사람에 gpsimport@motionx.com을 입력하고 첨부파일에 바
탕화면에 저장된 'KL-BENTUNG.GPX' 추가하고 '보내기'를 클릭한다.
이때 제목은 넣지 않아도 된다.

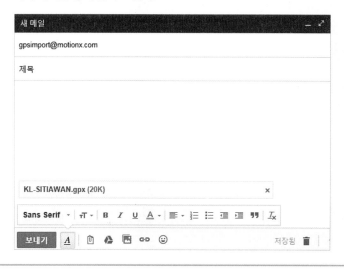

MotionX-GPS란?

• MotionX-GPS 애플리케이션은 아이폰에서만 구매할 수 있다.(필자는
아쉽게도 안드로이드 계열의 스마트폰 앱을 알지 못한다.) 아이폰이 없
을 때는 중고 아이폰 3GS 또는 아이폰4, 5 등을 자전거 내비게이션 용으
로 구매하면 좋다.

• MotionX-GPS를 이용하면 자신이 선호하는 지역과 코스를 연결하는
자신만의 루트를 만들 수 있다. MotionX-GPS는 사전에 여행하려는 지
역의 지도를 다운로드 받으면 인터넷 연결이 없어도 GPS를 이용해서 원
하는 장소를 찾아갈 수 있는 자전거 내비게이션 역할을 한다. 구글 지도
도 미국이나 유럽 등 일부 국가에서는 이 같은 기능을 제공하지만, 우리
나라와 동남아시아에서는 아직 길 찾기 서비스를 시행하지 않고 있다.

• 전 세계 어느 장소를 찾아가든지 사전에 그곳까지의 루트를 만들면, 누구에게 길을 묻거나 길을 잃지 않고 그곳에 갈 수 있다.

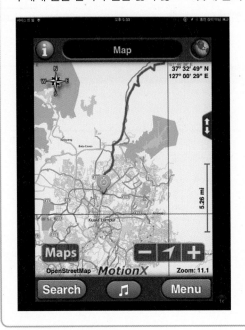

MotionX-GPS 앱에 오프라인 지도 다운로드 받기

① 아이폰에 MotionX-GPS 앱을 설치한다.

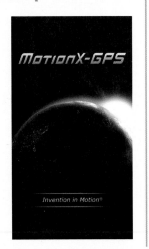

② 아이폰 (또는 아이패드) 'Mail' 애플리케이션을 구동한다. 받은 편지함에 nore-ply@motionx.com으로부터 편지가 와 있다. 'Select here to import into MotionX-GPS' 중에서 'Select Here' 클릭한다.

③ MotionX-GPS 앱이 자동 구동된다. MotionX-GPS 화면 위, 가운데의 초록색 'Import'를 터치하면 import가 시작된다.

④ Import Finished가 뜨면 화면 위, 오른쪽의 'Done'을 클릭한다.

⑤ MotionX-GPS 지도 화면 아래, 오른쪽의 Menu를 클릭한다.

⑥ 여러 가지 아이콘 중에서 Tracks를 클릭
하면 import 카테고리에 조금 전에
Import 했던 KL-BENTUNG 이 보인다.
해당 파일을 클릭한다.

⑦ 화면 아래, 왼쪽의 〈위&아래 화살표〉를
클릭하면 상단의 코스 개요 그림이 사라
진다.

⑧ 자신이 만들었던 루트가 빨간색으로 나타
난다.

⑨ 화면 위, 왼쪽의 메뉴바를 클릭하면 Map Options이 보인다. 그중에서 Map Downloads를 클릭한다.

⑩ 3가지 형태의 지도가 보인다. MotionX Road, MotionX Terrain, NOAA Marine이 그것이다. 도로를 달리는 자전거 여행에는 MotionX Road가 좋다.

⑪ 오른쪽 위에 Area와 Route 아이콘이 보인다. 여행의 시작점과 목적지까지의 루트, 즉 자신이 만든 gpx 루트가 다운로드 범위에 포함될 수 있게 Area와 Route의 크기와 위치를 조정한다.

⑫ 화면 위, 가운데의 Next를 클릭한다.

⑬ Download 화면이 펼쳐진다.

⑭ MotionX Tile Set의 숫자를 좌우로 움직
   이면서 파일의 사이즈를 결정한다. Max
   Zoom을 최대치인 18까지 올리면 지도가
   매우 세밀하겠지만, 파일 용량이 너무 커
   서 다운로드 받는 데 시간이 오래 걸린다.
   필자는 Max Zoom을 15 정도로 하고,
   Min Zoom은 8~10에 맞춘다.

⑮ 이 작업이 끝났으면 화면 위, 가운데의 Download를 클릭한다.

⑯ 다운로드가 시작되었다는 화면이 뜨면 OK를 클릭한다.

⑰ 다운로드가 완료되면 Download
   Complete가 뜨고 화면 위, 왼쪽의 Done
   을 눌러서 오프라인 지도 다운로드 작업
   을 마친다.

여행할 때 간단하게 빨래하는 방법

세탁 서비스가 제공되는 호텔에 묵거나, 체류 도시의 빨래방을 이용할 수 있
는 시간 여유가 있다면 좋겠지만, 그렇지 못한 경우가 있다. 이런 경우에 손
쉽게 세탁하는 요령을 소개한다.

① 페트병에 가루비누(washing powder)를 담아서 가지고 다닌다.

② 빨랫거리가 있을 때 비닐봉지에 빨랫감을 넣는다.

③ 세제를 뿌린다.

④ 물을 붓고 주물럭거린다.

⑤ 10분 후에 깨끗한 물로 헹군다.

⑥ 야외에 널어서 말린다.

가을과 겨울에 떠나는 **동남아 자전거 여행**

발행일 | 1판 1쇄 2018년 9월 5일

지은이 | 민병옥
주   간 | 정재승
교   정 | 정영석
디자인 | 배경태
펴낸이 | 배규호
펴낸곳 | 책미래

출판등록 | 제2010-000289호
주   소 | 서울시 마포구 공덕동 463 현대하이엘 1728호
전   화 | 02-3471-8080
팩   스 | 02-6008-1965
이메일 | liveblue@hanmail.net

ISBN 979-11-85134-51-2 03980

국립중앙도서관 출판시도서목록(CIP)

(가을과 겨울에 떠나는) 동남아 자전거 여행 : 가성비 좋은
추천 코스 11 / 지은이: 민병옥. -- 서울 : 책미래, 2018
    p. ;   cm

권말부록: 자전거 포장 등
ISBN 979-11-85134-51-2 03980 : ₩16000

해외 여행 안내[海外旅行案內]
자전거 여행[自轉車旅行]
동남 아시아[東南--]

981.402-KDC6
915.904-DDC23   CIP2018027346